国家自然科学基金项目、中央高校基本科研业务费资助出版

城市景观系统优化
理论与方法

宁玲 著

图书在版编目(CIP)数据

城市景观系统优化理论与方法/宁玲著.—武汉：武汉大学出版社，2018.8
ISBN 978-7-307-20091-3

Ⅰ.城…　Ⅱ.宁…　Ⅲ.城市景观—系统优化　Ⅳ.TU-856

中国版本图书馆CIP数据核字(2018)第055596号

责任编辑:陈　豪　　责任校对:李孟潇　　版式设计:马　佳

出版发行:**武汉大学出版社**　(430072　武昌　珞珈山)
(电子邮件:cbs22@whu.edu.cn　网址:www.wdp.com.cn)
印刷:湖北金海印务有限公司
开本:720×1000　1/16　印张:8　字数:115千字　插页:1
版次:2018年8月第1版　2018年8月第1次印刷
ISBN 978-7-307-20091-3　定价:32.00元

前　言

我国正处于城市化快速发展期，城市建设如火如荼。在城市扩张和更新的过程中，景观环境问题越来越被人们重视。政府希望看到城市面貌日新月异，城市居民也要求不断改善生活环境，城市景观优化的重要性日益凸显。

但是在城市发展建设过程中，部分城市景观太注重景观本身的特色，而不太注重与周边环境、历史文化、经济水平等外部因素的协调，不少景观建设由于受经济利益驱使或短期开发行为和急功近利的决策影响最终变成"形象工程"，这些都使城市景观系统的建设偏离了有序、舒适、愉悦的方向。这其中一个重要的原因就是人们对城市景观现象的认识还停留在就景观论景观的层面，缺乏对城市景观系统的整体把握和调控意识。由此引发的问题主要体现在两个方面：一是每个景观都是极具表现力的个体，单独看也许都很美，但是整体看却破坏了城市空间品质；二是城市特色的消失：人们对于某一景观的热衷和追捧可能导致在后续景观建设中直接模仿，误将"城市景观系统优化"与"优化的景观重复(模仿)建设"直接等同，导致城市特色危机重重，千城一面。

城市景观是城市系统的子系统之一，是一个复杂的人文系统。面对种种出于良好意愿却得不到预期优化效果的事实，规划师往往陷入困境。这说明单一从本学科领域寻找城市景观系统优化途径的做法有一定局限性，积极借鉴相关学科知识十分必要。而系统工程正是以复杂系统为研究对象，着手解决复杂系统问题的学科。因此，本书将研究对象界定为城市景观系统，并借鉴系统科学相关理论，对城市景观系统优化相关理论与方法进行论述。

目　录

1　为什么要对城市景观系统进行优化研究

1.1　政府对城市风貌与城市环境品质的重视

城市景观是城市风貌的载体，城市景观优化是培育城市风貌、改善城市空间环境质量的重要手段。长期以来，我国城市建设和建筑设计工作一直贯彻"实用、经济、在可能条件下注意美观"的方针。① 近年来，随着城市建设的日趋成熟以及城市经济的快速发展，城市空间环境质量越来越受到各级政府的重视和青睐。在又好又快的科学发展观指导下，城市发展和建设的质量意识正在逐步向行动和成果进行转化。② 2003年以来，武汉市逐年加大对湖泊进行治理和保护的力度，并先后制定了《武汉市大东湖生态水网总体方案》《武汉市东湖环湖景观建设规划》等一系列规划行动计划，力求在城市生态保护与景观建设方面双赢。2008年6月，重庆市规划局出台《关于城市空间环境和建筑景观规划的暂行规定》，作为着力打造重庆山城江城景观风貌，提升城市空间环境品质的技术支撑。各个城市有关城市风貌、城市景观的规划设计则更是数不胜数。城市景观作为城市空间环境的重要组成部分，其优化对塑造城市形象风貌、提升城市空间环境品质具有举足轻重的意义和作用。

---

①　俞孔坚，李迪华．城市景观之路——与市长们交流[M]．北京：中国建筑工业出版社，2003.

②　余柏椿．城市景观特色级区理论模式研究[Z]．国家自然科学基金项目(50878092)，2008.

1.2　大众对城市空间环境品质健康化、优化意识的提高

城市空间环境品质不仅是政府关注的热点，也是开发商、企业家等选择投资地点，居民在择业、置业等过程中重点考虑的因素。良好的城市空间环境品质不仅能够增强城市在面临诸如招商引资、政策支持等机遇时的竞争力，也能激发城市居民对城市的认同和喜爱之情，有利于城市人文环境的培育和提升。

1.3　既有理论在应对城市景观优化时的乏力与不足

虽然我们对城市景观、城市空间环境的改造和建设的初衷都是为了营造一个更加美观、舒适的城市环境，但是在现实生活中景观败笔依然层出不穷。这其中一个重要的原因就是人们对城市景观现象认识还停留在就景观论景观的层面，缺乏对城市景观系统的整体把握和调控意识。由此引发的问题主要体现在两个方面：一是每个景观都是极具表现力的个体，单独看也许都很美，但是整体看却破坏了城市空间品质；二是城市特色的消失：人们对于某一景观的热衷和追捧可能导致在后续景观建设中直接模仿，误将“城市景观系统优化”与“优化的景观重复(模仿)建设”直接等同，导致城市特色危机重重，千城一面。

城市景观是城市系统的子系统之一，是一个复杂的人文系统，它与城市区位、经济、历史、文化等因素有不可分割的密切联系。面对种种出于良好意愿却得不到预期优化效果的事实，规划师往往陷入困境。这说明单一从本学科领域寻找城市景观系统优化途径的做法有一定局限性，积极借鉴相关学科知识十分必要。而系统工程正是以复杂系统为研究对象，着手解决复杂系统问题的学科。近年来，以城市分形理论、城市元胞自动机等为代表的交叉研究成果证明系统工程相关理论能够适用于城市系统，并为城市研究提供有效

的认识论和方法论。因此，本书将研究对象界定为城市景观系统，并借鉴系统科学相关理论，对城市景观系统优化相关原理进行分析。

2　城市景观系统优化理论基础

2.1　系统科学基础理论

2.1.1 系统思想发展历程简述

系统思想的发展与人们认识物质世界系统性的演变历史相辅相成。这个历史经历了古代、近代和现代三个发展时期。

(1)古代系统思想

现代系统观念主要是从古代人对世界整体性的认识发展而来的。“系统”一词在拉丁语中为“systema”，意即“群”或“集合”。它在古希腊就已出现，原意是指复杂事物的总体，不过在当时尚未成为一个具有确定科学含义的概念。作为一种认识论层面的思想，系统思想由来已久。早在人们自觉认识系统思想以前，就进行着系统思维。古希腊哲学家亚里士多德关于“整体大于部分之和”的论述即为古代朴素的系统思想的体现。又如我国战国时期李冰父子修建的都江堰水利工程，即使按照今天对系统思想的认识，也是一个典型的系统优化的例子。

(2)近代系统观念

近代系统观念是在古代整体观念基础上发展起来的，辩证唯物主义体现的物质世界的普遍联系及其整体思想，就是对系统思想的哲学概括。

(3)现代系统理论的产生

历史的发展进入了20世纪，早在19世纪初就已经初步形成的系统思想也找到了自己最恰当的理论表现形式——系统理论。系统思维是系统理论的基本思想。虽然人类对于系统思想早有认识，但成为一门独立的学科，是在20世纪40年代以后。

系统论的奠基人是美籍奥地利生物学家贝塔朗菲，系统论的提出源自对生物有机体的研究。贝塔朗菲从生物机体论的角度批判了当时生物学中机械论①的观点，主张把生物有机体当做一个整体或系统来研究，提出了系统论的基本思想，其主要观点有三个：

①系统观：一切有机体都是一个整体，是相互联系、相互作用的若干要素有机结合的复合体，其整体功能取决于系统内部要素之间的相互关系，即系统整体功能大于各部分之和。

②等级观：一切有机体都是按照一定的等级和层次组织起来的。

③动态观：一切有机体都处于不断的变化活动中，和周围环境有物质和能量的交换，是一个开放的系统。

20世纪三四十年代，贝塔朗菲运用类比同构的思想方法把生物有机系统推广到一般系统。1937年，贝塔朗菲在美国芝加哥大学哲学讨论会上第一次提出"一般系统论"的概念。在此后的30多年里，贝塔朗菲一直致力于系统论的发展和完善，其主要论述和著作包括：《关于一般系统论》(1945年3月，《德国哲学周刊》)，《一般系统论年鉴》(1954年)，《普通系统论的基础、发展和应用》(1968年)，《一般系统论的历史和现状》(1972年)。在《一般系统论的历史和现状》中，他说："一般系统论可以作为一个新的科学规范，广泛地应用到各个学科的研究中去。它的内容可以包括三个方面，一是关于系统的科学和数学系统论，即对各种不同的学科的系统进行理论研究和运用精确的数学语言加以描述；二是系统技术，包括系统工程、系统分析方法在科学系统和社会各种系统中的应用；三是系统哲学，即系统的本体论、认识论、价值论、人与世界的关系等。"贝塔朗菲的一般系统论属于系统科学的基础理论研究，包含着许多哲学议论，尽管也引入一些数学工具，但基本属于

① 即试图用物理或者化学的规律来解释复杂生命系统，把有机体分解为若干个基本要素，并用这些要素的简单叠加来说明有机体的性质。

对系统思想的定性研究。他在自己的《一般系统论：基础、发展和应用》中说道：系统思想即使不能用数学表达，或始终只是一种“指导思想”而不是一种数学构想，也仍保持其价值。①

系统论把世界看成系统和系统的集合，用相互关联的综合性思维来取代分散思维，突破了以往分析方法的局限性，认为所有系统都是由系统内部各要素和系统与外部环境相互关联、相互作用的矛盾运动决定其生存和发展。20 世纪 70 年代，系统论在理论和应用方面都取得了重大进展，包括在系统的结构、控制、稳定性、最优化、模型化等方面的理论和方法，在系统自组织演化研究方面，则产生诸如耗散结构理论、协同学、超循环理论等。

从整个科学技术发展历程来看，现代科学技术对系统思想的发展做出了重大的贡献，系统论在理论和应用上的长足发展又为科学技术发展注入了新的概念和内容，使科学技术呈现整体化发展趋势，对科学研究方法产生了深刻的、革命性的影响。一般系统论的创立，为系统思想由哲学向科学理论方向发展奠定了基础。定量分析的系统思想和方法的确立，系统工程、运筹学、控制论和信息论等新兴学科，尤其是 20 世纪 60 年代以来耗散结构论、协同学等理论的出现和发展，使系统量化研究逐步发展和完善，并逐步形成一门新的学科体系——系统科学。当前，这个理论正日益渗入到科学研究和实践中，成为人们认识世界和改造世界有力的思想武器。

综上所述，系统思想从辩证唯物主义中获得了思维的表达形式，从运筹学等现代科学中取得了定量的表达工具，并结合系统工程实践不断完善和发展，系统思想由朴素的整体观，逐步演化成为一种科学的思想方法。

2.1.2　系统的概念及系统特性

当前，系统思想和方法已深深融入我国自然科学、社会科学、工程技术等相关研究领域，从普通学者到精英阶层，从文学作品到

① 贝塔朗菲. 一般系统论：基础、发展和应用[M]. 秋同，袁嘉新，译. 北京：社会科学文献出版社，1987：22.

学术刊物，系统、系统方法、自组织等俨然成为当下最流行的术语之一。然而，系统科学毕竟还很年轻，真正的历史不过40年，以至于人们至今仍难以全面把握其内涵。总揽系统科学相关研究，见仁见智、似是而非、“横看成岭侧成峰”的现象依然十分普遍，有的学者对“我国系统科学界泛泛而论的状况”深表忧虑，有的学者指出“系统科学本身并不系统”，“系统科学是一个含糊的概念”。作为非系统工程专业背景的笔者，在接触相关阅读伊始，也被铺天盖地、五花八门的概念问题深深困扰。鉴于此，界定各种相关概念的准确内涵对于准确切入“城市景观系统优化”研究具有重要的现实意义。

(1)系统的定义

关于系统的严格定义，目前各界学者并没有达成统一的认识，即使是一般系统论的创始人贝塔朗菲，在其不同文献中也采用了不同的描述，如“处于一定的相互关系中并与环境发生关系的各种组成部分的总体，整体大于它的各部分的总和是基本的系统问题的一种表述”①，“处于相互作用中的要素的复合体(complex)”，“处于相互作用中的诸元素的集合(set)”②，等等。这些关于系统的描述看似简单、抽象、宏观，但是却高度浓缩了贝塔朗菲近20年对一般系统论的深刻思考，与当时特定的科学研究背景是分不开的。在20世纪60年代，随着科学发展呈现日益专门化的趋势，科学分成了无数的学科，学科又不断产生新的分支。其结果是物理学家、生物学家、心理学家和社会学家都局限在各自的领域里，很难找到共同的语言。针对这样的情况，贝塔朗菲敏感地意识到，“在很不相同的领域中各自独立出现了类似的问题和概念”③，通过对物理学、生物学、心理学、社会学等多个领域相关问题交叉思考，他进一步

---

① 中国社会科学院情报研究所．科学学译文集[M]．北京：科学出版社，1981.

② 贝塔朗菲．一般系统论——基础、发展和应用[M]．秋同，袁嘉新，译．北京：社会科学文献出版社，1987：20.

③ 贝塔朗菲．一般系统论——基础、发展和应用[M]．秋同，袁嘉新，译．北京：社会科学文献出版社，1987：25.

指出："不同科学中不仅一般状况和观点相似，不同领域在规律和形式上也具有相同或同形性"①，由此进一步得出："存在一般系统的规律可以用于任何一定类型的系统，不论系统及其要素的特性是什么"②。这些想法推动贝塔朗菲将"一般系统论"作为一门新学科提出来。由于一般系统论一开始就是站在跨学科、跨领域的战略高度提出来的，所以其定义的抽象性、宏观性也就不言而喻，正如贝塔朗菲自己所说："一般系统论是迄今当作模糊、含混、半形而上学的概念的'全体'的一般科学。"③

贝塔朗菲给出的系统定义可以普遍适用于不同领域和层次，因而属于基础科学层次的系统定义。这一定义的缺点是"复合体""集合"等核心概念词相当模糊，尚需结合具体研究需要进一步界定。

(2)系统与要素

《辞海》对要素的解释为"构成系统的基本单元"，对元素的解释为"一般指化学元素"。由此可见，要素是系统科学的基本概念之一，而元素是物理、化学等精确科学常用的基本概念。因此，系统科学很少讲元素，更多的是使用要素概念。中国人民大学教授苗东升认为，系统科学在两种意义上使用要素概念。④ 一是相对于元素概念讲要素，要素就是要紧的元素，次要的元素则忽略不计。但是不是所有系统都能区分出具体的元素，又甚或从要紧的要素出发难以对系统进行有效描述，如果转而寻找某些影响系统特性的因素，往往能够给系统以有效的描述。基于此，系统科学常常相对于因素概念来讲要素，要素即重要的因素，次要因素则可以忽略不计。复杂系统，特别是涉及人文因素的系统，常常从因素角度出发

---

① 贝塔朗菲．一般系统论——基础、发展和应用[M]．秋同，袁嘉新，译．北京：社会科学文献出版社，1987：30.

② 贝塔朗菲．一般系统论——基础、发展和应用[M]．秋同，袁嘉新，译．北京：社会科学文献出版社，1987：30.

③ 贝塔朗菲．一般系统论——基础、发展和应用[M]．秋同，袁嘉新，译．北京：社会科学文献出版社，1987：31.

④ 苗东升．系统科学大学讲稿[M]．北京：中国人民大学出版社，2007：18-19.

分析系统要素，这样更有利于了解系统的整体性和结构。

(3)系统科学基础理论

①整体涌现理论。

一堆自行车零件对人没有用处，组装成自行车就具有交通工具的功能。无生命的原子和分子组织为细胞，就具有生命这种全新的性质。系统整体与其要素的总和之间的这种差别，是普遍存在且具有重大系统意义的现象。系统论由此得出一个基本结论：若干事物按照某种方式相互联系而形成一个系统，就会产生它的组分和组分的总和所没有的新性质，叫做整体性质。这种性质只能在系统整体性中表现出来，一旦把系统分解还原为组分便不复存在。这就是系统的整体涌现性原理。通俗地讲，整体多于部分之和，这是全部系统科学的理论基石。

②系统的结构理论。

系统科学认为，系统结构是系统得以组织和发展的基础，是系统的重要特性之一。严格地讲，系统科学里的系统结构是指系统要素之间关联方式的总和。但是在实际研究中，把所有联系都考虑进去既无必要，也无可能。因此，通常所说的结构是指要素之间相对稳定的、重要的、有一定规则的关联关系的总和。结构对于系统的存在具有重要的意义，没有按照一定结构组织起来的要素集是一种非系统。结构不能离开要素单独存在，只有通过要素之间的相互作用才能体现其客观性。在要素众多、结构复杂的系统中，某些要素的组合往往具有一定的独立性，从而将系统划分为几个相对独立、整体的要素组团。不同组团的要素之间往往不是直接关联，而是通过其所属组团发生联系。这些组团被称为子系统。系统结构的含义进而扩充到子系统之间、要素之间重要关联关系的总和。

③等级层次理论。

在复杂系统中常常可以看到较低级别的系统要素与较高级别的系统要素的差别，对系统结构有重要影响，刻画这类系统现象需要等级层次概念。许多人造系统、社会人文系统都具有等级层次结构。系统论认为，无论是系统的形成和保持，还是系统的运行和演化，等级层次结构都是复杂系统最合理或者最优的组织方式，或最少的空间占有，或最有效的资源利用，或最大的可靠性，或最好的发展模式。这就是等级层次理论。

贝塔朗菲认为："等级层次的一般理论显然是一般系统论的一个重要支柱。"①实际上它也是全部系统科学的重要支柱，在各个学科分支都有应用。等级层次理论的主要课题包括：如何划分层次，层次的基本特性，层次形成的机理，不同层次如何联系和过渡，如何从低层次向高层次提升等。对于这些问题，系统科学尚未形成一般理论，缺乏适当的数学工具。

2.2 系统科学视角下系统优化的理论内涵

2.2.1 优化的概念

"优化"是系统工程领域的重要概念之一。系统工程，钱学森说它是一种科学方法，美国学者说是一门科学，大多数科学家认为系统工程是一种管理技术。

"优化"可以从认识论与方法论两个侧面来理解。认识论范畴的"优化"可以理解为一种思想，优化思想与系统思想是系统方法的基本思想，而系统方法的应用则要用到具体的系统方法和优化方法。在这里，"优化"又具有方法论上的意义，是系统方法论的延伸与拓展，是指通过一系列的方法手段，使系统从目前状态向目标状态转化的一个过程，包含两个重要的概念：一是系统的目标状态，也可以称为系统的优化目标；二是系统优化的方法手段，是依据系统的现状与目标所选取或设计的优化理论与方法。

2.2.2 系统优化目标与优化过程

系统优化的目的是让系统更好地满足人们工作、学习和生活中的各种需求。换言之，人们工作、学习和生活等需求的满足程度，

① 贝塔朗菲. 一般系统论：基础、发展和应用[M]. 林康义，魏宏森，译. 北京：清华大学出版社，1987：25.

既是系统优化的原动力，也是衡量系统优化效果的标准。我们可以看到现实生活中的各类系统，都在按照这个优化原则不断地演进和优化。

在交通系统的优化过程中我们可以看到：最初人们利用人力或马力来作为驱动动力，但不满足于这种交通系统的速度，为了提高速度，人们发明了汽车并拓宽了道路，从提高速度的角度优化了系统；在满足速度需求的情况下，人们又对安全性提出了需求，于是对道路划分分车带、设置安全栏杆，在汽车内部设置安全气囊等，从安全性的角度优化了系统；在满足安全需求的情况下，人们又对经济性提出了需求，对道路和车辆的设计更加考虑经济发展与建造成本等因素，从经济性的角度优化了系统；在满足经济需求的情况下，人们又对环境保护提出了需求，对道路和车辆的设计更加考虑低碳和环保等因素，如采用渗水材料或者工业废渣铺装路面，增加道路绿化的力度等，进而从环境保护的角度优化了交通系统。

在科学系统的优化过程中我们可以看到：最初人们是通过结绳、刻字等方式来计算与记录的，为了提高效率，人们发明了算盘、笔与纸张，从提高效率的角度优化了系统；随着时代的发展，人们又对计算的速度提出了更高的需求，发明了计算机和打印机，从速度的角度优化了系统；在满足速度需求的情况下，人们又对互通性提出了需求，发明了互联网 Internet，从互联、互通、交流沟通的角度优化了系统；在满足交流沟通需求的情况下，人们又对便携提出了需求，对计算机的设计越来越简单、轻便、人性化，从操作性、携带性的角度优化了系统。

在社会系统的优化过程中我们可以看到：人类社会是从茹毛饮血开始的，人们不满足于这样的饮食状况，使用火发明了烹饪，从最基本的生理需求角度优化了系统；在满足生理需求的情况下，人们又对安全性提出了需求，建造了房屋来躲避野兽与恶劣天气，从安全性的角度优化了系统；在满足安全需求的情况下，人们又对交流沟通提出了需求，发明了语言、文字、歌曲与舞蹈等，从交流沟通的角度优化了系统；在满足沟通需求的情况下，人们又对集体活动的效率提出了需求，于是发明了企业、市场、经济制度等，从工作效率的角度优化了系统。

系统优化过程的实践，不仅仅体现在科学、社会等大系统的优化过程中，即使一个具体的工程系统也是遵循着以上的系统优化过程来优化的。如在我国神舟载人航天系统的优化过程中，神舟载人航天系统最初只能搭载一名航天员在太空短暂停留，为了实现搭载两名以上航天员的目标，载人航天系统从舱内空间的角度进行了优化设计，实现了搭载多人的目标；为了实现较长时间的停留，载人航天系统又从舱内生存环境的角度进行了优化设计，实现了太空中较长时间停留的目标；更进一步，为了实现宇航员出舱的目标，载人航天系统又从太空员素质培训、宇航服优化设计等角度进行了优化，实现了太空出舱的目标。

同样的，城市景观系统的优化也遵循着这样的系统优化过程。最开始，城市建设是以“实用、经济、功能至上”等为目标的，这时对城市的景观性考虑甚少。随着经济的发展和人们对精神文明层面需求的提升，人们开始投入建设一些以观赏、美化为主要功能的景观，如在建筑入口处设置雕像。随着城市居民生活水平的进一步提高，人们开始将剩余收入投入到旅游，旅游甚至成为某些城市的支柱产业，因此从拉动城市经济增长的角度，很多城市加大了城市景观开发建设的力度，将城市各种自然资源和社会人文资源统筹开发，打造集观光、度假、游憩、体验为一体的城市景观体系。近年来，在“生态城市”“可持续发展”等理念的倡导下，城市景观更加注重科技化、信息化、生态性。

由此可见，系统优化的目标是由人们的需求所产生的，是随着人们不断提升的需求而不断变化的，并不是固定的、一成不变的。

2.2.3 系统优化方法

系统优化方法是按照系统优化目标，改造原有系统，使其达到优化目标。系统优化的方法是由系统特点与系统的优化目标共同决定的。当面对不同的系统、不同的系统优化目标时，所选择与采用的系统优化方法也会有很大不同。

科学系统中的系统优化方法：在科学计算中传统式的计算方式

是通过在单台电脑上进行计算来实现的，人们觉得这种计算方式的计算速度较慢，为了优化科学计算系统的速度，人们设计并采用因特网将多台计算机连接起来，一起来进行并行计算，这就大大提高了计算的效率，达到了优化系统计算速度的目标。此处多台计算机并行计算的方式就是系统优化时所采用的方法。

工程系统中的系统优化方法：如化学反应系统的优化目标是要促使化学反应变快，要优化这个系统，就需要加入催化剂。催化剂的使用与加入，就是这个系统的优化方式，达到了系统的优化目标。

又如电力输送系统中的系统优化方法：最初采用的架空导线是以铜作为导线材料，但由于铜自重较大，使其架空输电的距离受到很大限制，从而增加了远距离输电的成本。后来人们采用铝线、钢芯铝纹线、铝合金线等轻型导线替代铜线，并根据超导技术研制出超导电磁线，目标是既节能又环保地传输电能。传输材质的选择与设计，就是这个输电系统的优化方式，通过这种方法也达到了系统的优化目标。

人文系统中的系统优化方法：诗词文章系统中的系统优化是较为人们所熟知的。“僧推夜下门”与“僧敲夜下门”所带来的“推”和“敲”思考，就是较典型的系统优化问题。诗人通过对诗歌中遣词造句的不断优化，达到描绘更好的诗歌画面，传达更丰富诗歌情感的目的。诗人通过这种方式优化了他的诗歌系统。

社会系统中的系统优化方法：奴隶制度、封建制度、资本主义制度、社会主义制度这个社会制度系统的演化过程也是一个社会制度系统不断优化的过程。这个过程中通过对生产资料、生产关系、劳动者这三者之间关系的优化，提升了社会生产力，提高了生产效率，达到了系统优化的目标。

从上述讨论中可以看到，由于系统自身特点与优化目标的不一样，所采取的系统优化的方法也会各异。那这些各异的系统优化方法是否有着一定的共性，是否能够用某些原理来解释这些系统优化方法的机理呢？在系统科学的研究与系统工程的实践中，人们已经对这个问题进行了长时间的探索，虽然尚未形成统一的认识与结论，但大多数系统科学家认为系统优化的理论基础是系统科学中的整体论与涌现论。

整体论与涌现论的思想是，当系统中的各个局部通过一定的结构组织起来以后，能够涌现出大于(优于)各个局部之和的整体系统性能。整体论与涌现论更注重系统整体的性能表现，各种系统优化方法都是通过局部的改变让整体能涌现出更优的性能，实现“1+1>2”，整体大于局部累加的效果。在上述谈到的各类系统优化的案例中，我们都可以找到系统整体论与涌现论的思想。

在科学计算系统中，当面对单台计算机3小时才能完成的计算工作时，若不使用并行计算方法进行优化，用3台计算机要3/3=1个小时才能完成计算；而当使用并行计算方法将3台计算机系统优化以后，只要30分钟就能完成同样的计算工作，大大提升了计算效率，通过整体涌现的思想实现了“1+1=2”到“1+1>2”的转变。

在电力传输系统中，从局部上看传统铜线输电技术价格远低于超导技术，但从整体上看，铜线输电线路的线路损耗却远远大于超导技术，超导技术在使用后能大幅降低运行成本，整体上更优，因此科学家们正在努力研发电力传输用的超导技术。

在人文系统的诗歌文章系统中，各个单独的字、词本身是毫无意义的。如“枯藤”“老树”“昏鸦”“小桥”“流水”“人家”，单看每个词语都很普通，但诗人通过诗歌的结构和方法把局部的、个体的词语整合到一起，构思出“枯藤老树昏鸦，小桥流水人家”的诗句，就涌现出一种整体的画面与意境，远远优于单个与局部的效果。

在社会系统中，局部上看不同制度下人的基本素质差异并不大，但是不同制度对人力的整合却有着很大的差别，这就造成了不同制度下系统整体生产力与生产效率的差距，社会制度的不断进步也是不断追求整体性能最优的过程。

3　如何从系统工程视角认识城市景观系统

城市景观与城市景观系统是两个不同的概念，有着不同的内涵和外延。本章主要解释景观、城市景观、城市景观系统的概念，并结合系统科学的分析方法论述城市景观系统的系统特性。

3.1　城市景观的界定

城市景观是景观的一种类型，二者之间存在包含与被包含的关系，这种包含关系从系统角度来看即一种系统与子系统的关系。基于此，本节从"景观"这个本体概念着手，分析城市景观与景观的演化关联，进而对城市景观的基本范畴进行界定，内容包括城市景观的概念辨析、城市景观的构成以及城市景观的内涵。

3.1.1　景观的概念

近代"景观"一词来自绘画，17 世纪左右，景观已成为专门的绘画术语，其意义基本等同于"风景"与"景色"。19 世纪初期，德国著名地理学家 Von Humboldt 最早提出景观作为地理学的中心问题，将景观定义为"某个地球区域内的总体特征"①，探索由原始自然景观变成人类文化景观的过程。之后，由苏联地理学家贝尔格等发展成为景观地理学派。这可以看做现代景观含义的两大起源。

《辞海》中，景观一词有两种理解：第一种理解是"风光景色"，

---

①　吴家骅．景观形态学[M]．叶南，译．北京：中国建筑工业出版社，1999.

一般泛指审美主体(人)在从事审美活动中观察到的地表的风光景色，景观作为审美对象，是一个视觉美学上的概念。第二种理解为“地理学名词”，或作为“整体概念”特指自然景观与人文景观，或作为“一般概念”泛指地表自然景色，或作为“特定区域概念”指自然地理区，或作为“类型概念”用以区别诸如草原景观、戈壁景观等不同景观类型。《辞海》对景观的解释基本秉承了“风景说”与“地理说”两大历史渊源，并对景观的地理学含义进行了总结。

1939年，德国地理学家Carl Troll首次将景观与生态学联系在一起，提出了景观生态学。其后，景观作为在生态系统上的一种尺度单元，景观对于生态学研究的作用被越来越多的研究者所意识和强调(Risser，1984；Forman、Godron，1986；Farina，1993；Forman，1995)。生态学领域比较有代表性的景观是指空间上镶嵌出现的紧密联系的生态系统组合，在区域尺度上，景观是不重复的且对比性强的结构单元，它具有可辨识性、空间重复性和异质性(Forman，1995)。

3.1.2 从景观到城市景观

由于景观的范围太广泛，不好下定义，因此很多学者选择从分类的角度研究景观。通过对景观进行分类，有助于从不同侧面认识景观的含义，掌握不同景观的特点，这也不失为一种研究的好方法。景观的分类取决于研究者对于景观对象的理解，这里列举一些学者的分类，作为启发。

从物质构成角度，景观分为硬质景观和软质景观。

罗筠筠按照人类“意图”对空间的影响，将景观分为自然景观和人工景观。①

徐思淑、周文华把景观分成自然景观、人文景观和社会景观三大类。自然景观包括山水景观、气象景观、动植物景观等，人文景观包括人工设施景观、历史景观、加工后的自然景观、文化景观

① 罗筠筠．审美应用学[M]．北京：社会科学文献出版社，1995：350.

等，社会景观包括社会习俗、风土人情、街市面貌、民族气氛等。①

金学智把景观分成自然景观、人文景观、人造景观和题释景观（指风景的命名、题咏、记载、传说、掌故、解释、刻石等）四类。②

李志红(2006)在其博士论文中将景观分为自然景观和人文景观两大类。

景观生态学家 Forman 按照景观塑造过程中的人类影响程度，将景观划分为自然景观（natural landscape）、经营景观（managed landscape）和人工景观（man-made landscape）。自然景观可分为原始景观和轻度人为活动干扰的自然景观两类。经营景观又可分为人工自然景观与人工经营景观。人工景观则是指完全由人类活动所创造的景观，如城市景观、工程景观、旅游地风景园林景观等。Forman 关于景观分类的区别如表 3-1 所示。

表 3-1 **景观生态学领域的景观分类**

类型名称		景观描述
自然景观	原始景观	极地、高山、荒漠、苔原、热带雨林等少数尚未受到人类活动干扰的地区
	轻度人为活动干扰的自然景观	森林、湿地、草原，自然保护区中的核心区和缓冲区
经营景观	人工自然景观	采伐林场、刈草场、放牧场、由收割的芦苇塘等植被所改造的地区
	人工经营景观	农田、果园、人工林地等土壤被改造过的农耕景观地区，郊区景观
人工景观	城市景观、工程景观等	指自然界原先不存在的景观，完全由人类活动所创造

资料来源：根据《景观生态学》（Forman、Godron）第 1~2 页相关内容整理

① 徐思淑，等．城市建设导论[M]．北京：中国建筑工业出版社，1991：172.

② 金学智．美学基础[M]．苏州：苏州大学出版社，1994：70.

按照以上 Forman 关于景观的分类，城市景观可以理解为一种区别于自然景观的景观类型。此时，城市景观是将城市作为一个整体来考虑的，其强调的是城市作为一种异质于林地、荒漠、草原等自然景观的人工环境在大地上的宏观投影。

从以上关于景观的分类可以看出，人们对于自然景观的理解比较统一，而对于自然景观以外的景观类型存在一些争论，这些景观类型主要有人文景观、人工景观、人造景观、社会景观等。为了理清景观与城市景观的联系，有必要从系统角度弄清景观与上述景观类型的关联以及不同景观类型的区别。

人文景观：《辞海》对“人文”的解释为：“旧指诗书礼乐等，今指人类社会的各种文化现象。”从广义上讲，人类创造的一切物质文明与精神文明都是文化的体现。按照这个解释，人文景观至少包括三个方面的内容：一是艺术作品中作为景观的那部分雕塑、绘画、题咏、石刻等；二是建筑类、构筑物类人文景观，包括与历史文化有关的纪念碑、牌坊、宫殿、陵墓、庙宇、塔楼、城郭、桥梁等(包括它们的遗址)，以及各种代表现代文化的建筑物、构筑物；三是各种可供观赏非物质形态文化类的景观，包括部分民俗风情、习惯、氛围等。

人工景观、人造景观：人工景观和人造景观提法不同，含义大致相同，都是指那些完全由人类活动创造的景观，其强调的重点在于“自然界原来不存在的”景观。

社会景观：社会景观提法较少，从徐思淑、周文华的描述来看，其实质仍属于人文景观的一种。

因此，将景观划分为自然景观、人文景观与人工景观显然有部分含义重复，因为那些历史建筑、遗迹显然既属于人文景观，也属于人工景观。因此，本书认为人文景观这个概念已基本可以涵盖自然景观以外的景观含义。

基于以上分析，本书认为将景观划分为自然景观和人文景观两大类比较准确。那么城市景观与自然景观和人文景观的关系是怎样的呢？这就需要从系统角度对自然景观和人文景观进行进一步分析。参考 Forman 对自然景观的分类和上文对人文景观的解析，本书认为自然景观按照人为活动的影响程度可以划分为原始自然景观、轻度人为活动干扰自然景观、人为活动主导自然景观三种类型。人文景观按照其构成要素性质可以划分为建筑与构筑物类人文景观、艺术作品类人文景观、民俗类人文景观三种类型。

原始自然景观指自然界中尚未受到人类活动干扰的地区和现象，如极地、高山、荒漠、苔原、热带雨林、火山等地理景观和日食等天文气象类景观。轻度人为活动干扰自然景观指城市远郊区因功能需要限制人类建设开发的森林、湿地、海滩等自然保护区。人为活动主导自然景观主要是指人类在自然环境、地理地貌等基础上，通过一定的工程技术手段开发建设的可供人们游憩或使用的城市公园、风景区、运河等。

建筑与构筑物类人文景观指具有一定社会、历史价值和美学意义的历史建筑、庙宇塔楼、碑墓牌坊、古城墙、古遗址、桥梁等，以及由它们与周边特定地形、水系、植被所组成的空间环境。如北京故宫建筑群、武汉长江大桥、澳门大三巴牌坊等都属于这类景观。艺术作品类人文景观指以雕塑、绘画、诗歌咏乐等形式展现出来的景观作品。所谓景观作品，不是指那些供于室内仅供收藏或艺术鉴赏的作品，而是安置于一定空间环境中，如我国广州五羊雕塑、美国自由女神雕像、哥本哈根美人鱼雕像，以及雕刻有知名诗歌、书法、题字等艺术表现形式的山石、碑林等，都可以视为艺术作品类人文景观。民俗包括的内容十分丰富，其研究范围涵盖民间劳动的组织、宗教信仰、年节风俗、人生礼仪、各种赛会、民间文学、艺术活动等。① 但并不是所有的民俗都能作为景观来欣赏，民俗风情类景观必须满足两个条件：一是具象性，二是可观赏性，如举世闻名的德国慕尼黑啤酒节、我国三峡纤夫拉纤的场景、彝族泼水节、湘西“赶集”以及特色婚嫁风俗等。

以上各类自然景观和人文景观的分类及示例如表3-2所示。

---

①　辞海[M].上海：上海辞书出版社，2000：5118.

表 3-2　　　　**景观分类与图示**

大类	类别	图示	图示
自然景观	原始自然景观	 极地冰川	 亚马逊原始丛林
	轻度人为活动干扰自然景观	 珠穆朗玛峰	 杭州西溪湿地公园
	人为活动主导自然景观	 三峡大坝	 整形植物景观
人文景观	建筑与构筑物类人文景观	 上海陆家嘴	 北京长城
	艺术作品类人文景观	 大连群虎雕像	 哥本哈根美人鱼雕像
	民俗类人文景观	 德国慕尼黑啤酒节	 彝族泼水节

通过以上梳理可以看出，城市景观是景观的一个子分支，但是其与景观的关系又不是简单的被包含关系，城市景观的范畴也很广泛，人为活动主导的自然景观、建筑与构筑物类人文景观、艺术作品类人文景观都可以看做一般意义上的城市景观。城市景观与景观的划分及顺承关系如图 3-1 所示。

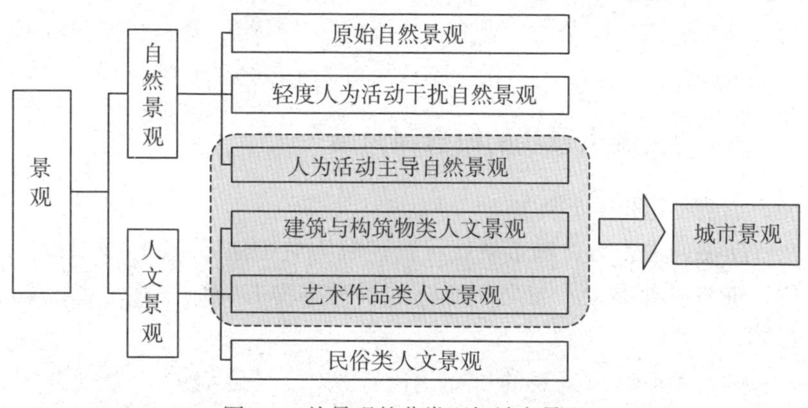

图 3-1 从景观的分类理解城市景观

需要强调指出的是，在景观生态学领域，城市景观是一种与自然景观相对立的景观类型。但是在城市规划以及景观学领域，更多学者倾向于将二者理解为一种包含关系，认为城市景观包括自然景观和人文景观。这是因为不同领域学者对个别名词的含义理解不同所造成的，并不能单从字面上分类的冲突而否定部分学者的观点。从图 3-1 中也可以看出，城市景观的确具有自然与人文双重含义。

城市景观与自然景观的关系应辩证对待。在实际生活中，城市景观与自然景观并不完全是截然分开、有明确界限的。从 1900 年霍华德田园城市到芒福德“设计结合自然”，再到如今“生态城市”“可持续发展”等思想的兴起，人类对城市与自然的定位从来都不是“非你即我”的排除关系，而是一种“你中有我，我中有你”的渗透交融关系。城市作为人类的栖息地不是与生俱来的，而是历代人类为了生存和生活对自然的适应、改造和再创造的结果。因此，作为城市的重要组成部分之一的城市景观和自然景观也存在某种生生相息的关联关系。随着人类改造自然能力的提高，人类活动对自然景观的影响在逐渐加剧，越来越多的自然景观因为受到人类活动的无意影响或者人工的刻意雕琢而具有自然与人文双重意义。例如宜昌三峡大坝就是一个人工改造自然而形成城市景观的典型例子。因此，本书认为城市景观与自然景观的关系应辩证理解方显完整。城市景观不仅包括那些具有审美意义的、由人工创造的建筑物、构筑物等景观要素，以及由景观要素构成的整体环境，还包括那些城市地域范围内受人类活动直接影响或经过人工改造的自然景观。

3.1.3　城市景观的概念和内涵

(1)城市景观的概念

从字面上来看，城市景观可以理解为城市地域范围内的景观，是景观的一种类型，与之相对应的景观类型有郊区景观、乡村景观等。

虽然关于城市景观的研究比比皆是，但是关于城市景观的定义，目前还没有比较准确一致的描述，学者们更倾向于基于各自的理解，从不同侧面对城市景观进行阐述和解释，比较有代表性的观点如：

凯文·林奇：城市景观是一些可被看、被记忆、被喜爱的东西。

戈登·卡伦：城市景观是“一门相互关系的艺术”，“一栋建筑是建筑，两栋建筑则是景观”。

方仁林：城市景观是指“城市地域范围内，由建筑物、构筑物及其周边环境(地形、水系、植被等)所组成的视觉环境”。

陈国平：城市景观是指通过视觉所感知的城市物质形态和文化生活形态。①

耿直：城市景观是指城市地域内的景物或景象，是一种典型的

① 陈国平．城市景观系统规划研究[J]．中国园林，2004(4)：39.

人为活动占优势的景观类型。①

雷波：从景观规划设计的角度出发，城市景观是由各个景观要素按照一定的规律和方式组成的一个综合体，它依附于城市，作为城市系统的一个子系统而存在。②

百度百科对城市景观的定义有两种，一是地理学方面的释义：由各类城市建筑物、各类城市活动所构成的景观形态；二是生态学方面的释义：人口高度聚集、由大量规则的景观要素(如建筑物、道路、绿化带等)组成的人造景观集合体。③

结合前文对景观概念的论述，本书将城市景观定义为：城市地域范围内的人文景观和自然景观。其中人文景观包括建筑物、构筑物、环境设施等，自然要素包括地形、水系、绿化植被等。

(2)城市景观的内涵

①城市景观的本体内涵。

城市景观是客观存在的，它的形成源自人类为了生存和生活对自然的适应、改造和再创造，它的发展演变源自人们对城市环境美化与城市品质提高的追求，作为客观存在的城市景观，是人与自然关系在城市地域空间上的烙印。虽然在现实生活中人们对同一城市景观的认识和评价可能不同甚或相去甚远，但是城市景观本身是唯一的、不变的。这说明，城市景观首先是一种客观存在的物象。城市景观通过各种物象来体现，这些物象可分为两类：单体物象和群体物象。单体物象意即那些能成为独立审美对象的景观实体，如建筑物、喷泉、桥梁、雕塑等。在实际生活中，城市景观往往并不是以景观实体的个体形式单独存在的，而是包含一系列景观实体。这些景观实体按照特定的规律组合在一起并形成一个更大的景观环境，这个更大的景观环境整体即群体物象。一般而言，作为群体空

---

① 耿直．简述城市景观格局评价体系的建立[J]．黑龙江科技信息，2008(30)：53.

② 雷波．城市景观——从形态到功能的转变[D]．重庆：重庆大学，2002.

③ http：//baike. baidu. com/view/482498. htm。

间物象的城市景观更具普遍意义。如我们提及城市景观，往往会联想到某广场、某游园或某购物中心等整体空间环境，而并非指广场本身或者购物中心大楼本身。

正因为城市景观具有景观实体与景观空间双重物象含义，城市景观的内涵非常广泛，随着审美主体欣赏范围和视野的不同，人们对城市景观物象的认识也不尽相同。广义上讲，一个城市的整体肌理可以看做城市景观(如丽江古城)，一个富有特色的城市片区可以称为城市景观(如南京夫子庙步行街)；狭义上理解，一栋建筑(如悉尼歌剧院)、一个广场乃至广场中的一个雕塑都可以称为城市景观。可见，城市景观几乎涵盖了从宏观到微观各个层次。

城市景观不仅有层次丰富的空间实体内涵，也具有多元的社会、文化、心理、生态等“软”内涵。正如魏晓慧在其硕士论文中所言：“广义的城市景观概念不但包括狭义的‘景’，还包含人的感知结果‘观’以及人在‘景’中实现‘观’的过程即社会生活。”①城市景观的“软”内涵体现在社会、心理、生态等诸多方面。

②城市景观的社会文化内涵。

“城市景观是城市社会文化系统的基本组成部分”②，它是一种典型的人为活动占优势的景观类型。城市景观是人类社会文化活动的环境载体，它通过城市的建筑物、道路、公园、广场等各类空间来承载人们的社会文化思想，而人们通过自己的活动反过来塑造城市景观。因此，透过城市景观可以折射出城市社会、文化、生活等各方面，城市的社会、经济、文化状况又无时无刻不对城市景观产生着深刻的影响。我国城市学者纪晓岚在其著作《城市的本质》中指出城市公共形体环境具有暗示、感化、启示、警示等方面的社会功能，这说明城市景观虽然表现为物质与空间实体，但是其与人以及人在社会中的活动息息相关，具有重要的社会内涵。鉴于此，

① 魏晓慧．基于视觉分析的城市景观空间研究[D]．武汉：武汉理工大学，2008：4.

② 汤恒亮．可持续发展目标下的城市景观规划[J]．东南大学学报(哲学社会科学版)，2008(6)：188.

有学者指出：城市文化是城市景观的内涵，城市景观是城市文化的外在表现。如我国北京故宫建筑群的中轴线布局反映了封建时代君主至上的文化理念，欧洲中世纪盛行的“教堂风”反映了当时神权至上的社会文化背景。

关于社会文化层面的城市景观的研究成果主要集中于社会学领域。一些社会学家将城市景观当做一种社会文化现象，通过观察景观所反映出的公众价值判断标准，反思社会文化与景观的相互影响，研究当代城市景观内在的生成机制和社会文化成因，并寻求改善这一状态的途径。社会学家关注的重点在于与城市景观有关的人的性质以及社会现象，或多或少带有主观特性，而对空间、景观要素等问题采取淡化态度，这与社会学的研究特点是相适应的。

③城市景观的生态内涵。

1971 年，联合国教科文组织(UNESCO)在研究生态系统的人与生物圈计划中，将城市作为一个生态系统来研究。城市景观是人类改造自然景观的产物，城市景观的塑造也就是人类开发利用自然的过程，因此城市景观的构建过程也可以看做自然生态系统向城市生态系统转化的过程。虽然城市景观的主体是人工建筑物、构筑物、小品等，但是这些城市景观系统要素都必须依赖于自然生态要素而存在，具体而言，这些自然生态要素包括地质条件、地形地貌、水文等。自然生态要素对城市景观格局的形成有着不容忽视的影响：城市的地质条件会直接影响桥梁、隧道、地标等大型建筑物、构筑物的建设布局；城市的地形地貌、水文条件如果能得到因地制宜的利用，也有利于理想城市景观效果的形成，如著名山城重庆就是一个典型的例子。重庆不仅充分利用山地地形营造了独有的山地城市景观，还抓住长江与嘉陵江在城市相交汇的条件，打造了朝天门城市景观。

虽然在城市景观的塑造过程中融合自然生态要素具有积极的意义，但是如果单纯从生态角度考虑，城市景观是有悖生态的。对此，英国学者布兰达与维尔在《绿色建筑——为可持续的未来而设计》中指出：“从本质上，城市是在地球这个星球上产生的与自然极为不合的产物……城市没有考虑可持续的未来问题。”布兰达的观点虽然过于绝对，但是他对城市生态环境的忧虑值得我们深思。自然生态要素具有改善城市环境品质、提高生物多样性、保持生态平衡、增强环境的自净能力等生态机能，如果利用不当，反而会对城市生态环境起到破坏作用，进而产生“生态环境负效应”。当前，这样的事实也多不胜举。如城市景观理水形式之一的驳岸一度被证明危害了某些水陆两栖动物的生存；20 世纪 80 年代兴起的玻璃幕墙虽然在一定程度上增强了城市的现代气息，但是随着其大面积使用，越来越多学者指出由于这种玻璃幕墙具有强烈的聚光与反光效果，不但会提高周围环境的温度，还会伤害人们的视力，甚至灼伤皮肤。

水能载舟，亦能覆舟。同理，自然生态要素对于城市景观的形成发展来说也是一把“双刃剑”。虽然从表面上来看，自然生态要素对城市景观的积极作用占据主导地位，但是如果我们在利用过程中不注重自然生态要素生态性的保护，再好的城市景观也会随着其所依附的自然生态基质的湮灭而不复存在。

3.2　城市景观系统描述

3.2.1　城市景观系统的系统特性

3.2.1.1　城市景观系统概念

吴彤指出：通俗地说，如果有一群东西，它们之间存在着相互联系、影响或作用，那么由这群东西组成的那个东西就叫做“系统”。① 那么，城市景观系统则可以理解为由若干城市景观所组成的整体。从这个理解来看，城市景观系统的范畴很宽泛，由两个城市景观构成的体系可以叫做一个系统，由多个乃至无数个城市景观所组成的整体也可以叫做城市景观系统。但是，从目前既有研究成果来看，人们大多数时候使用的城市景观系统都没有涉及这么详细

① 吴彤．多维融贯：系统分析与哲学思维方法[M]．昆明：云南人民出版社，2005：13.

的范畴界定，而只是一个抽象的类型概念，用于区别其他相联系的系统(如社会系统、经济系统等)。这时，城市景观系统往往是作为主体研究系统的解释对象而出现的。因此，本节首先对城市景观系统概念的提出追溯求源，再结合本研究需要对城市景观系统的内涵进行界定。

(1)作为子系统的城市景观系统

通过对城市规划以及城市等相关领域文献进行考察，本书认为城市景观系统概念的提出源自人们对于城市复杂性以及城市系统的研究。

法国地理学家潘什梅尔(P. Pinchemel)认为："城市现象是个很难下定义的现实：城市既是一个景观、一片经济空间、一种人口密度；也是一个生活中心和劳动中心；更具体点说，也可能是一种气氛、一种特征或者一个灵魂。"①当前，各国学术界对城市的研究可谓百花争鸣，地理学、社会学、经济学、历史学等诸多学科领域的专家都从不同侧面对城市进行了一系列研究。但是如果非要给城市一个完整准确的定义，却难找到一个"满意解"，城市的复杂性由此可见一斑。

随着人类社会的不断进步，越来越多的人居住、生活、工作在城市。据统计，截至 2009 年年末，我国城镇化水平已达到 46.4%。② 城镇化水平的提高不仅带来城市人口增多、城市规模扩大等显而易见的改变，也加速了城市社会结构、经济结构等软环境趋于复杂、多元的过程。从 20 世纪 80 年代开始，国内部分学者开始撰文研究城市系统。起先，研究的主要内容是借鉴贝塔朗菲一般系统理论，分析论述城市的系统特性，如整体性、综合性、层次性、动态性等。随着研究的深入，复杂系统理论的产生，许多学者开始站在宏观角度，将城市作为一个复杂系统来研究。2002 年，

① 菲利普·潘什梅尔. 法国——环境、农村、工业与城市[M]. 漆竹生，译. 上海：上海译文出版社，1980：6.

② 《城市蓝皮书》，2010 年 7 月发布，http：//www.vos.com.cn/2010/07/30_155858.htm。

周干峙院士指出，“城市及其区域已经形成了一个开放的复杂的巨系统”，“城市系统具有层层叠叠的大系统套小系统，既有串行树枝状结构，也还有横向蔓延的网络状、链状、原子结构状的‘系统’”。① 汤恒亮(2008)指出，“城市景观是城市的延伸和附属，它是自然景观和人工景观的综合体，同时也是一种开放的、动态的、脆弱的复合生态系统”②。

由于复杂系统理论在城市系统研究中的渗透，人们开始逐渐探讨城市系统及其子系统的划分、子系统之间的联系和作用以及子系统对系统整体的反馈影响。从图 3-2 城市系统模型树可以看出城市系统及其子系统的划分。

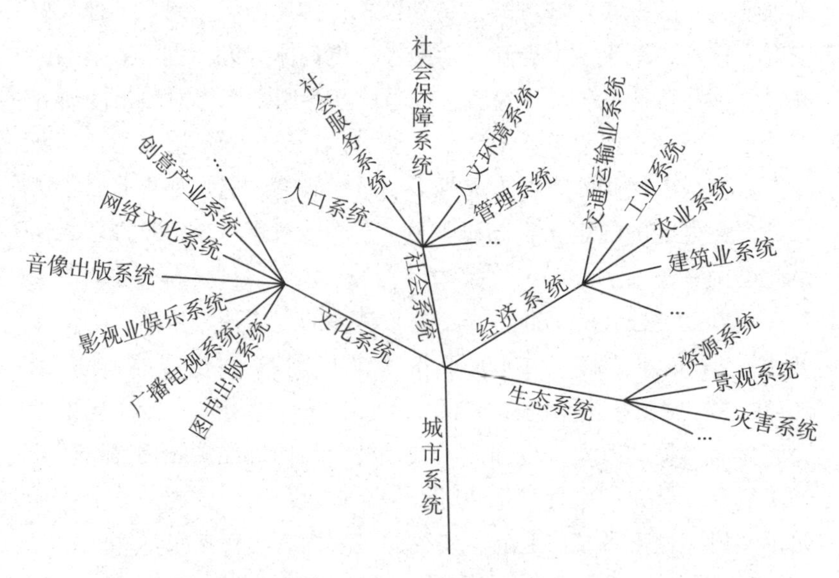

图 3-2　城市模型树——城市系统及其子系统示意

① 周干峙．城市及其区域——一个典型的开放的复杂巨系统[J]．城市发展研究，2002(1)：1-2.

② 汤恒亮．可持续发展目标下的城市景观规划[J]．东南大学学报(哲学社会科学版)，2008(6)：188.

上述模型树虽然不能全面反映城市系统的构成，但是它能从一个侧面告诉我们：城市景观是城市的重要组成部分之一，也是体现城市环境质量的重要方面。从系统论角度来看，城市景观是城市系统的子系统之一。城市景观也是一个由若干子系统(或景观要素)组成的具有一定结构和功能的有机复杂系统，具有整体性、层次性、稳定性、适应性等一般系统特性。

城市景观系统作为子系统，其从属的系统不仅仅局限于城市系统。如果单从景观领域分析，城市景观系统也可能归属于不同的上层系统。如将景观系统看做一个系统时，其子系统可以包括城市景观系统、自然景观系统等；如将全国城市景观看做一个系统，其子系统可以包括华北、东北、西北、华东、中南、西南、香港特别行政区、澳门特别行政区、台湾地区 9 个城市景观子系统，而且这些子系统可以继续进行划分，直至划分到具体某一城市的城市景观系统；同样将全国城市景观看做一个系统，其子系统的划分还可以根据景观特征的不同划分为山地城市景观系统、海洋城市景观系统、湖泊城市景观系统等子系统。总而言之，作为子系统的城市景观系统，其所属的上层系统不是唯一的，划分的角度取决于不同研究的需要。

(2)作为上层系统的城市景观系统

本书的研究对象是城市景观系统，研究的重点是城市景观系统内部要素及其组成关系，也就是说，本书研究的城市景观系统是作为上层系统而存在的，这样才便于从系统角度对它进行分析优化。但是我们必须认识到，关于城市景观系统到底属于上层系统还是属于子系统的划分并不是绝对的。本书以城市景观系统为研究对象，所以必须对其范畴进行界定，我们把由一个城市的所有城市景观所组成的体系界定为城市景观系统的内涵概念，而把指称世界或某一区域、某一国家等更大范围内的城市景观体系界定为城市景观系统的外延概念。换言之，本书研究的城市景观系统是狭义的，因为如果当城市景观系统的范畴超越城市层级时，笔者认为应该采用“城际城市景观系统”或者“区域城市景观系统”“国家城市景观系统”等更宏观的概念予以界定才更加准确。本书的研究对象是作为系统整体的城市景观系统，国家、区域等更大范围内的城市景观都属于这一系统的环境范畴。

笔者认为，城市景观系统可以定义为：城市地域范围内由人文景观要素和自然景观要素共同组成的，具有一定层次、结构和功能的，处于一定城市环境中的复杂系统。其中人文景观要素包括建筑物、构筑物、环境设施等，自然景观要素包括地形、水系、绿化植被等。

3.2.1.2 城市景观系统的整体性、等级性、动态性

概括来看，城市景观系统的复杂性体现在以下三个方面：首先，城市景观系统要素存在个体上的美学特征和审美差异；其次，不同城市景观系统要素组成城市景观系统的方式对城市整体景观的审美特征也存在很重要的影响；最后，城市景观系统作为城市系统的子系统之一，其本身所表现出来的整体审美特征又受到更大范围内城市环境的影响。结合前文所述系统的整体性、等级性、动态性三个特性，城市景观系统的系统特性也可以从这三个方面来理解。

(1)城市景观系统整体性

整体性是系统最重要的特性，其思想用一句话来概括即“整体大于部分之和”。对于城市景观而言，这样的例子数不胜数。例如武汉长江大桥、龟山电视塔、黄鹤楼、蛇山这4个城市景观系统要素利用长江与汉江交汇的地理区位，形成“龟蛇锁大江”的整体城市空间景观意象。又如杭州西湖、断桥、雷峰塔、长桥等城市景观系统要素在白娘子传奇、梁祝人文故事的映衬下涌现出“水光潋滟晴方好，山色空蒙雨亦奇”的秀美景象。

心理学家阿恩海姆认为：在视觉对艺术品的把握中，只有对对象的整体或统一结构形成完整的视像，才能创造或欣赏艺术品。①而城市景观作为人的观赏对象，整体的统一结构产生的基础就在于其结合关系，因为只有结合，才能成为整体结构。而城市景观系统正是这种整体结构的外在表现。可以认为，城市景观系统是以城市景观整体结构为基础的，这个整体结构即城市景观系统要素形成的复杂结合关系。

---

① 张德兴. 二十世纪西方美学经典文本(第一卷)：世纪初的新声[M]. 上海：复旦大学出版社，2000：730.

(2)城市景观系统等级性

一切有机体都是按照一定的等级和层次组织起来的。城市景观系统等级性可理解为系统内部城市景观禀赋的优良程度的排序，通俗而言，也即人们通常所说甲景观比乙景观好。如将两个知名城市景观进行比较时，大多数时候人们会根据自己的经验判断以及审美倾向对所给景观的偏好程度进行排序。又如在进行景观规划设计时，规划师也通常会使用“将某某景观打造为中国或西部地区或省级最具特色景观”的口号，这些实际都反映了人们对于城市景观等级性在一定程度上的认知和认同。虽然在实际生活中，并不是所有的城市景观的等级性都体现如上述例子那么明显，又或者不同人群对于相同城市景观系统要素的偏好排序不尽相同，但是城市景观作为客观存在的审美对象，它的禀赋是客观存在的，也就是说影响其在人们心中排序的主要因素是客观的，只是由于城市景观审美活动涉及人的心理、经验等主观因素的影响，所以有时候表现出一定的模糊性和不确定性，让人觉得难以琢磨或者是对其认识持一定怀疑态度。综上所述，本研究认为等级性是城市景观系统的固有属性，是客观存在且能被人们认知的。

城市景观系统的等级性可以从两个层面来理解。一是每个城市景观单体对象或者城市景观群体对象在景观禀赋的优良程度上所表现出来的特性，即“某城市景观的禀赋级别如何”；二是某一城市景观系统内部的各个城市景观系统要素禀赋的等级分布和表现特征，即“某城市景观系统内部各城市景观系统要素禀赋的级别的关系是怎样的”。

关于第一个层面，即城市景观在景观禀赋的优良程度上所表现出来的特性，目前人们在评价运用时多采用经验、感觉判断等比较模糊笼统的方法。这也是由于城市景观禀赋判断涉及不同人群的审美心理的影响，要想制定一套能够普遍适用的、准确科学的城市景观禀赋评价指标体系是很困难的。所以人们在进行这种不容易量化的评价时，常常采取分级别判断的方法。如《风景名胜区规划规范》(GB50298—1999)中将景源评价分级分为特级、一级、二级、三级、四级5级；《旅游景区质量等级的划分与评定》(修订)(GB/

T17775—2003）将旅游景区质量等级划分为5级，从高到低依次为AAAAA、AAAA、AAA、AA、A级。目前，我国对城市景观禀赋方面的研究侧重横向分类与比较，尚没有正式研究成果从竖向对城市景观禀赋进行分级方面的系统研究，人们比较普遍认同的城市景观禀赋级别的评价是按照城市景观所能影响的最大地域范围来确定某城市景观级别的高低。例如，对于天安门、长城、埃菲尔铁塔等在国内外都比较知名的城市景观，往往称之为"世界级"，又如武汉东湖风景区，鉴于东湖是"中国最大的城中湖"，东湖梅园是"中国四大梅园之首"①，由此可以判定其景观禀赋等级为"国家级"。按照这种划分依据，结合我国目前采用的行政区划方法，李春玲将城市景观特色划分为世界级、国家级、区域级、省级、市级5个级别。② 这种划分主要是针对城市里知名度较高的城市景观，显然在实际生活中除了这些景观"佼佼者"之外，还存在很多不那么出名但依然深受居民喜爱的城市景观。和那些特色鲜明的城市景观相比，这一类型的城市景观应该说与市民日常生活联系更为密切，它们的优化问题更能体现城市的人性化建设。总的来看，城市景观在禀赋上所表现出来的特征是有级别高低差异的，这种差异性也是对城市景观系统要素进行优化的基础，城市景观系统要素优化也可以理解为景观禀赋从低级别向高级别演化的过程。

关于第二个层面，也可以理解为城市景观禀赋级别的分布特征。对该分布特征的把握必须建立在对一个城市或一个地区所有城市景观禀赋级别进行宏观把握的基础之上。对这个问题的提出源自两个方面的思考：一是景观建设盲目求大求全，不顾条件硬上；二是在规划实践尤其是旅游规划或景观规划中，我们经常会遇到景观的功能和级别定位研究，这时我们会将与该项目相关的景观资源都罗列出来进行比较分析，从而确定在某一范围内最适合规划项目的目标定位。这给笔者带来一点启示，城市景观的目标定位问题已远

① 武汉东湖风景区门户网站：http：//www. whdonghu. com/。

② 李春玲．城市景观特色级区理论模型研究[D]．武汉：华中科技大学，2009.

远超出其本身，应扩大到更大系统范围之下分析才有实际意义。一个特定城市景观系统内部的城市景观系统要素禀赋级别分布大致会遵循什么规律，正是本书第五章城市景观系统结构优化研究部分的内容之一。

(3)城市景观系统动态性

起源于生物有机体研究的一般系统论认为：一切有机体都处于不断的变化活动中，和周围环境有物质和能量上的交换，是一个开放的系统。城市是发展变化的，一个城市的景观系统也不是一成不变的，而是随着时代的变化不断推陈出新的过程。由于城市景观系统是一个与人关联密切的系统，所以它的动态性可以从两个层面来理解：一是城市景观系统本身随时间变迁不断优化完善的过程；二是一个城市景观或者城市景观体系形成之后，人们对其审美判断从认识到认知等复杂心理的变化过程。

第一个层面比较好理解，它是指城市景观物质实体随城市发展而发展的过程。例如武汉市洪山广场，始建于1990年，是为缅怀老一辈的革命家董必武诞辰105周年而建的纪念性广场；中南路从中间穿过，将广场分为东西两半，东广场为董必武纪念广场，西广场为喷泉休闲广场。1997年年底，武汉市将西广场1.3万平方米停车场改建为绿地。1999年年底，武汉市政府为改善城市环境，提升城市功能，决定再对洪山广场进行改造。这次改造规模空前，原本分开的洪山广场合二为一，中北路在地下贯通。新广场于2000年9月28日建成开放，占地面积10.8万平方米①，成为华中地区当时最大的集休闲、娱乐、纪念、集会于一体的全开敞式大型城市文化广场，曾被某网站称为“武汉的最美地，武汉的新标志”②。广场投入使用后，由于新广场首次引用进口草皮，广场大草坪一年四季保持常绿，其音乐喷泉规模之大、气势之磅礴在全国也很少见，迅速成为武汉市重要旅游景点之一。但是由于其尺度巨大，缺乏

① http：//www.hudong.com/wiki/%E6%B4%AA%E5%B1%B1%E5%B9%BF%E5%9C%BA。

② http：//www.hb.xinhua.org/travel/2004-03/19/content_1812290.htm。

遮荫、座椅以及达到广场的专用通道等缺憾，很多专业界人士都对其持一定保留态度。2008 年，洪山广场在经历了 8 年的历史见证之后又迎来新的挑战。随着武汉地铁建设的不断推进，规划地铁 2 号线和 4 号线均要经过洪山广场站，为给地铁 2 号线、4 号线建设让路，有关部门决定，将洪山广场全部拆掉，统一先建地铁站和开发这一片的地下空间，之后再恢复一个比现在更漂亮的洪山广场(图 3-3)。①

(a)20 世纪 90 年代的洪山广场

(b)1999 年改造后的洪山广场

(c)2009 年洪山广场施工现场

图 3-3

① http：//www. hb. xinhuanet. com/zhuanti/2008-09/22/content_14537247. htm。

洪山广场的改造是一个比较典型的城市景观物质实体、功能随城市发展需要而不断完善的例子。由于其知名度较高、工程规模大，因此它改造的动态过程很容易被人们感知。在实际生活中，城市景观变化几乎每天都在发生，但不一定都能立即被大部分人们看见。一个城市景观实体的动态性不仅表现为既有城市景观的修缮、改造扩建甚或拆除，还包括新景观不断涌现的过程，特别是后者在城市环境质量意识不断提高、大量城市建设不断展开的今天非常普遍。

以上是从客观角度分析了城市景观系统的动态特性。由于城市景观还与人的认知以及审美心理密切关联，因此人们对城市景观品质的认知过程也存在一个不确定、受审美经验影响的动态心理过程，这也就是从"人"的主观层面来认识城市景观系统动态性的含义。如果说客观存在的城市景观系统是一个"城市景观实体系统"的话，那么人们认知层面的城市景观系统可以概括为"城市景观意象系统"，更详细的解释为能够刺激审美主体的知觉，并作为审美记忆保存于审美主体脑海里的那些城市景观意象所构成的整体。例如凯文林奇的《城市意象》实际上就是利用保留在人们心中的"城市景观意象系统"来分析城市景观。在实际生活中不乏"城市景观实体系统"维持不变，但是随着时间的推移与之相关联的"城市景观意象系统"发生改变的例子。例如1889年法国巴黎埃菲尔铁塔在建成时，曾遭到包括作家小仲马、莫泊桑和作曲家古诺在内的名人的联名抗议，今天却成了"法国的象征"。又如法国巴黎卢浮宫拿破仑广场上由贝聿铭设计的玻璃金字塔，在方案投标甚至实施阶段一度遭到法国各界人士的谴责，而其落成以后却逐渐被法国人接受，直至现在成为全世界游人争相观光的圣地。有资料统计指出："玻璃金字塔建成以后，参观人数增长了一倍……带动了卢浮宫的复兴，甚至一度取代了埃菲尔铁塔成为巴黎的象征。"①在这一过程中，埃菲尔铁塔、卢浮宫以及金字塔并没有发生实质性改变，反而是人们对其意象的评价发生了变化，从而改变了这个城市景观在整

① http：//zhidao. baidu. com/question/25517963。

个法国乃至世界景观领域的级别和地位。再如我国北京国家大剧院也是一个颇具争议的城市景观，其设计师安德鲁这样评价这个设计："中国人20年后才能接受我这个未来派的设计。"①如今，国家大剧院已经落成10年多，关于它的争论至今尚未完全平息，但是谁能肯定它不会成为北京文明的新标志呢？如果一个城市景观最终不能被大众认可，不被"城市景观意象系统"接纳，那么其最初作为城市景观的基础也就颠覆了，它要么按照既有的设计功能还原为一栋普通建筑、一座普通桥梁等，抑或由于其对周边环境的负面影响而面临改建或者拆除的选择。

(a)卢浮宫前的玻璃金字塔

(b)北京国家大剧院

图3-4

3.2.1.3 城市景观系统的分析方法

对于复杂系统，大部分学者在研究中通常采取分解的办法，即从系统要素、内部结构、关联关系、与系统环境的关系等角度来研究。因此，本书也采取相同方法来研究城市景观系统。从系统科学角度来看，虽然城市景观系统是城市系统的子系统，但是其本身也包含若干级子系统。从系统整体层面对城市景观系统的要素及其属性、结构、层次等系统特性进行深入剖析是分析城市景观系统优化原理的重要前提。

① http：//gb. cri. cn/3601/2004/09/28/1266@313472. htm。

3.2.2 城市景观系统要素

(1)城市景观系统要素分析

要了解一个系统，如果仅仅整体地、直观地审视它是远远不够的，必须深入内部确定它的组成要素。在对系统进行分析时我们经常陷入的一个误区就是，对系统进行随意"肢解"，将"肢解"后所有属于系统而又小于系统的对象，都看做系统的要素部分。这种观点的错误之处在于，系统科学认为结构性是系统的重要特性，只有具有结构意义的部分才能称为要素。随便对系统进行划分或切割，得到的都是系统的部分，一般不是系统的要素。按照系统的结构特征划分出来的部分才是系统的组成要素，如一栋倒塌的建筑，残垣断壁是其部分，但不是组成要素，其组成要素为砖、瓦、木材、钢筋、水泥、钉子等。

本研究重在分析城市景观系统优化的一般原理，基于一般原理的宏观性和普适性的需要，本书认为对城市景观系统要素的划分必须满足以下两个条件方能有助于后文中对城市景观系统优化原理的总结和归纳：一是城市景观系统要素要能够独立于城市景观系统结构和层次，换言之，"要素"要高于"结构"和"层次"，"要素"的划分不能受"结构"和"层次"的影响，"要素"的划分要能够在不同"结构"和"层次"中均能成立；二是城市景观系统要素要能够对不同类型的城市景观(如建筑景观、小品景观等)进行高度概括，因为仅仅适用于某一类型城市景观的优化法则如不能适用所有城市景观层面，也不能称为本书所研究的原理。

基于以上条件，结合系统要素的定义以及前文对城市景观系统的分析，本书将城市景观系统要素定义为构成城市景观系统的基本景观单元。之所以用"基本景观单元"，是为了保证该定义的普适性和通用性，而对基本景观单元的具体界定不作太严格的限制。因为不同层面研究对"单元"的限定是不同的，只有结合具体研究层次和深度要求才能进一步细化。

(2)城市景观系统要素分类

本书将城市景观系统定义为：城市地域范围内由人文景观要素

和自然景观要素共同组成的，具有一定层次、结构和功能的，处于一定城市环境中的复杂系统。根据这个定义，城市景观系统要素可以分为两类：自然类和人文类。自然类城市景观系统要素包括山体、江河湖泊、绿化、气象等小类，人文类城市景观系统要素包括建筑物、构筑物、环境设施等小类。

除此以外，城市景观系统要素还有其他划分思路。张浩青(2001)、雷波(2002)、杜春兰(2005)在他们的学位论文中均认为系统的城市景观包括开放空间系统、绿地公园系统、水系统和设施与标志物系统。这给我们的启示是，很多城市景观往往并不是以以上小类要素的形式单独存在的，而是由多个小类要素及其界定的外部空间共同组合形成一个整体的审美对象。如一个广场景观实际是由界定广场空间的建筑、广场上的绿化、水系以及环境设施共同组成的。一条街道的景观、一个公园等城市景观都属于这种由小类要素和空间共同组成的整体景观。一般而言，城市中的大多数城市景观都是由小类要素和空间组合而形成的。从构成城市景观的独立性来看，这种由小类要素和空间组合形成的城市景观也可以看做城市景观系统要素的一种类型，本书认为可以称之为“空间型城市景观系统要素”，与之相对应的就是那些与周边空间联系较弱，仅由某一小类要素构成的城市景观，并称之为“实体型城市景观系统要素”。根据这两种类型的城市景观在实际生活中的表现形态，“实体型城市景观系统要素”主要包括建筑、构筑物、植物、环境设施等小类，“空间型城市景观系统要素”主要包括城市广场、城市公园与绿地、城市街道、城市滨水空间等小类。

以上两种城市景观系统要素的分类都是在城市景观物质构成的基础上划分的，如果从城市景观的影响因素的角度来看，城市景观系统要素又有不同的分析方式。从城市景观自身的构成和属性来看，影响城市景观的因素主要包括体形、色彩和材质三个方面。虽然系统科学中的要素可以理解为重要的因素，但是从逻辑角度分析，体形、色彩、材质一般不直接与“要素”直接并列使用，而用“子系统”概念取代“因素”，也即城市景观系统包括城市景观形体系统、城市景观色彩系统、城市景观材质系统三个子系统。

(3)城市景观系统要素划分的相对性

从以上关于城市景观系统要素分类的分析中可以看出，关于城市景观系统要素的划分与理解并不是绝对的。根据复杂系统的属性特征，任何系统都可以进行层级上的划分，一个系统总是更大系统的子系统，一个大系统的组成要素也可以看成由更小组成要素(如分子、原子)组成的系统。所谓要素的不可分性，是相对于它所属的系统而言的，离开这个系统，要素本身又成为由更小单元构成的系统。如果按照这个思路将城市景观系统要素再细分下去，它又可以看做由更小的要素组成的有机整体。如当把一栋标志性建筑当做一个具体对象来研究时，其又可以看做由墙面、窗户、窗台、门檐、门、屋顶等构件组成的系统。

3.2.3 城市景观系统结构

系统科学把结构定义为要素之间关联方式的总和。之所以用“总和”一词，是为了强调概念表述的完备性、准确性。在实际研究中，不可能也没有必要穷尽所有关联方式，一般我们所说的结构是指那些本质的、主要的关联方式，而那些次要的关联一般被忽略不计。结构是一个抽象概念，其不能脱离系统要素单独存在，结构必须以要素为载体才能表现出来。那么要素在组织过程中通过形成哪些系统特性来反映系统结构呢？这就涉及系统科学的另外两个重要概念：子系统和层次。子系统、层次、结构是任何系统的三个重要特性，三者内涵不同且相互之间有不可分割的联系，对系统的子系统及层次进行分析是认识系统结构的重要前提。吴彤曾指出，层次与结构是系统思维方法的重要观察视角，是深入研究系统，走入系统内部，分解系统和观察系统的重要切入点。① 因此，本节从城市景观系统子系统、城市景观系统层次、城市景观系统结构三个方面对城市景观系统结构进行深入剖析。

---

① 吴彤．多维融贯：系统分析与哲学思维方法[M]．昆明：云南人民出版社，2005：25.

(1)城市景观系统子系统

子系统是介于系统整体与要素之间的系统层次。当一个系统要素难以按照同一方式进行分析考察时，就必须对它们进行分片、分组或者分段整合。考察这种系统的结构需要借用子系统概念。子系统的划分有两个基本原则：一是完备性，所有系统要素都要有明确的子系统归属；二是独立性，每个系统要素原则上不能同时从属于不同子系统。一般情况下，一个系统中应同时存在至少两个或两个以上子系统。当系统足够复杂时，子系统的划分可以不局限于一个级别，可以分多级，每个级别中子系统的划分同样按照上述原则进行。以一篇完整的博士论文为例，如果将博士论文当做系统，则章节就是子系统，其中节又是章的子系统，也就是说对于博士论文这一系统而言，章是一级子系统，节是二级子系统。

在城市景观系统概念中，本书已经论述了城市景观系统概念的提出实际是源自学者在运用系统理论对城市这一复杂人文系统进行研究的相关成果，这时，城市景观系统是作为城市系统的子系统而存在的。本书的研究对象为城市景观系统，那么作为系统整体的城市景观系统是什么样的呢？这就需要借鉴系统科学理论对它进行进一步剖析。

系统科学理论认为，对于复杂系统，尤其是社会人文系统，可以从不同角度划分子系统。以城市系统为例，如前文"城市模型树"将城市系统分为文化系统、社会系统、经济系统、生态系统是一种比较宏观的分析方法；叶骁军等(2000)根据城市职能分工将城市系统分为商业服务、卫生、文化、教育、行政管理、工业、农业、交通运输业8个子系统。① 结合相关研究成果，本书对城市景观系统及子系统进行了梳理，主要有以下几种划分方法：

①按照构成城市景观的物质要素的不同，将城市景观系统划分为由自然景观系统和人文景观系统两个一级子系统支撑的系统，进而继续划分二级子系统。

① 叶骁军，温一慧．控制与系统——城市系统控制新论[M]．南京：东南大学出版社，2000：13.

②按照城市景观表现形式的不同，将城市景观系统划分为城市景观开放空间系统、城市绿地公园系统、城市景观水系统、城市景观设施及标志物系统四个子系统。

③按照城市景观在地域空间上表现出来的特征，将城市景观系统划分为点状景观系统、线状景观系统、面状景观系统三个子系统。这种“点—线—面”的划分方法常常用于景观规划设计中，尤其是在宏观层面景观规划中往往能起到兼顾全局的优化效果。

此外，还有很多按照景观类型进行划分的方法，由于其分类比较细，不容易达成统一的认识，在此不一一罗列。虽然以上列举的三种城市景观系统分析方法也不尽全面，但是相信这足以对我们认识城市景观系统的内部结构起到抛砖引玉的作用。由于知识有限，本书不可能穷尽所有城市景观系统子系统的划分方式。各种纷繁复杂的划分方法也说明，城市景观系统的确是一个复杂的人文系统。应该说，不同的划分方式只是不同研究思路的反映，并无高低优劣对错之分。在实际研究中，采取一种适合于自己研究的分析方法足矣，因为系统科学同时指出：“切记不要把按照不同标准划分出来的子系统并列起来，混为一谈。”①

(2)城市景观系统层次

《辞海》对层次的释义为“事物的等级性、等级秩序”。系统层次可以理解为系统内部各子系统及系统要素由于本身的等级、秩序不同所表现出来的特征。与子系统相比，对于了解系统结构，层次是一个更为重要的概念。层次关系是系统子系统之间关系、要素之间关系、要素与系统整体关系、子系统与系统整体关系的重要内容。从贝塔朗菲开始，层次理论一直是系统科学的基本内容之一，但是由于它比较抽象、复杂，所以直到现在仍未建立起系统的层次理论。

为了便于理解系统层次的含义，我们不妨做一个简单的假设。假设某系统由要素直接构成，那么这个系统就具有两个层次，即要

① 苗东升．系统科学大学讲稿[M]．北京：中国人民大学出版社，2007：35.

素层次和整体层次。但是在实际研究中尤其是社会人文系统研究中，这类由要素直接构成，无需先形成子系统的系统几乎不存在，所以它一般不作为系统科学考察的对象。系统科学讨论的系统至少包含三个层次，即存在介于要素和系统整体之间的层次。这样看来，层次的划分与子系统划分密切相关，只要有子系统的划分，就有中间层次的划分；划分子系统的视角不同，所形成的系统层次也不尽相同。就系统层次类型而言，常见的系统层次有数量层次、空间层次、时间层次、逻辑层次等。

以城市景观系统为例，前文归纳的将城市景观系统划分为自然景观系统和人文景观系统，及城市景观开放空间系统、城市绿地公园系统、城市景观水系统、城市景观设施及标志物系统四个子系统的方法所形成的系统层次可以概括为类型层次；“点—线—面”的划分方法以及前文杜春兰对城市景观系统“宏观—中观—微观”体系的构建所形成的系统层次则可以看做空间层次。

系统层次有两种划分思路，一种是还原式，一种是整合式(如图 3-5 所示)。还原式即从系统开始，由高向低逐层了解系统，直至还原到要素为止。整合式即由要素向高层次逐层整合到系统整体层次，图 3-4 的决策树可以看做是整合式。但是在分析系统的具体过程中，这两种思路并不是截然分开的，经常结合起来使用，这样更利于准确把握系统的层次。

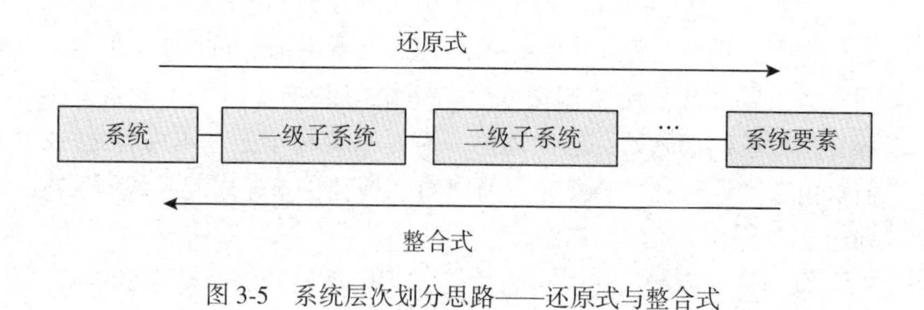

图 3-5　系统层次划分思路——还原式与整合式

(3)城市景观系统结构

系统科学把结构定义为要素之间关联方式的总和，这是对于一般简单物质系统而言的。城市景观系统是一个复杂的社会人文系统，其构成并不是城市景观系统要素的简单叠合，在城市景观系统要素和城市景观系统之间还包含若干子系统，而这些子系统之间的关联关系也是系统形成的基础。因此，本书所说的城市景观系统结构是指小于系统的所有系统有机部分之间的关联关系的总和，包括要素之间的关联关系、子系统之间的关联关系。

城市景观系统结构的具体含义是建立在对城市景观系统进行"要素—子系统—系统"划分的基础上的，不同的系统划分方法会影响对城市景观系统结构的理解。按照看待城市景观系统的视角不同，各个层面结构也有不同的涵义。例如，如果把某一个城市小区看做该城市景观系统的一个子系统，它的景观系统结构主要是指绿化、公共开敞空间、公建等构成要素的空间组合关系。如果从城市整体视角分析景观系统，则此时的系统结构可以理解为城市公园、山体、商业街区等景观片区所表现出来的空间分布特征，如形成轴线关系、廊道关系等，也可以理解为其在景观特性上所呈现的分布特性，如同类型景观片区在一定空间范围聚集后所表现出的强化效果，又或者是不同类型景观片区差异化共处所表现出来的对比互补效果。从某种程度来看，城市景观系统结构也是一个复杂的体系。

结合前文对城市景观系统子系统以及城市景观系统层次的分析不难看出，当景观系统结构所指范畴侧重微观美学、形式方面的关联关系时，一般包括的是要素层面的结构关系；当其所指范畴偏向宏观分布特征、关联关系时，一般对应的是子系统层面的结构关系，这时，每个城市景观个体的审美特征已经被系统的整体性所"屏蔽"。

那么如何理解"关联方式"这个概念呢？如图 3-6 所示，A、B、C 是关联要素，AB、BC、AC 即是关联方式。从城市景观的概念来说，A、B、C 是城市景观实体，AB、BC、AC 是指这些景观实体之间的轴线、路网、空间距离、大小关系、色彩关系等。

在实际生活中，城市景观占据一定的城市空间，并结合不同的空间要素表现出不同类型，根据城市景观系统的这种特性，本研究认为城市景观系统结构可划分为空间结构和类型结构两种类型。空

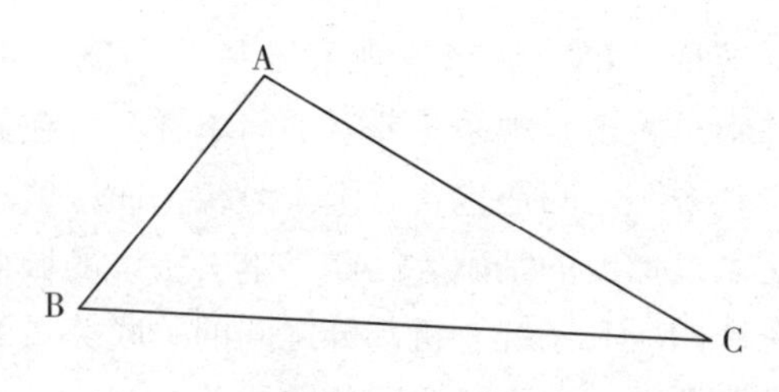

图 3-6 系统关系示意

间结构是指城市景观系统要素通过空间进行排列和分配的方式，例如北京故宫建筑群院落式布局反映的就是明清皇家建筑景观的空间结构特征。类型结构是指城市景观系统要素禀赋特征的组合方式。

结构对于城市景观系统具有重要的意义。一般而言，结构是系统内部要素之间稳定关系的反映，结构的改变意味着系统性质的变化，甚至意味着系统本身的变化。丹下健三曾说："不引入结构这个概念，就不可能理解一座建筑、一组建筑群，尤其是不能理解城市空间。"①而几乎所有城市景观都与城市空间相互依存，所以本研究认为，结构优化是城市景观系统优化的重要方面。

3.2.4 城市景观系统环境

(1)环境与系统环境

环境，顾名思义，是相对于某一中心事物而言的，与中心事物有关的周围事物，就是这个中心事物的环境。一般意义上的环境，其中心是人类。此时环境的定义为：围绕人类的外部世界，是人类赖以生存和发展的社会和物质条件综合体，包括自然环境和社会环境。② 环境的含义有广义和狭义之分，以上理解可以看做是广义的，狭义的环境通常是指物质的、有形的环境。现行《中华人民共和国环境保护法》指出："本法所称环境，是指影响人类社会生存和发展的各种天然的和经过人工改造的自然因素总体，包括大气、

① 转引自黄亚平．城市空间理论与空间分析[M]．南京：东南大学出版社，2002：16.

② 辞海[M]．上海：上海辞书出版社，2000：3418.

水、海洋、土地、矿藏、森林、草原、野生动物、自然古迹、人文遗迹、自然保护区、风景名胜区、城市和乡村等。”

在系统论里，环境通常是与系统相对而言的，环境是依附于特定系统而存在的一个概念，也称作系统环境。广义地讲，一个系统之外的一切事物或系统的总和，称为该系统的环境。令 U 记宇宙全系统，S 记研究的对象系统，S' 记它的广义环境，则 $S' = U - S$。但是在实际研究过程中，不可能也没有必要穷尽 S' 中一切与 S 有联系的事物，人们通常采用狭义的系统环境作为研究系统的补充。狭义地讲，S 的环境记作 E，是指 U 中一切与 S 有不可忽略的联系的事物的总和，即 $E = \{x \mid x \in U$ 且与 S 有不可忽略的联系$\}$。

系统环境意识是系统思想的重要内容。系统科学理论认为，每个具体的系统都是从普遍联系的客观事物网络中划分出来的。系统环境的划分具有相对性，系统论关于系统与系统环境的划分并不意味着系统内部事物与外部事物的联系就此消失了。从以上系统环境狭义的定义也可以看出，系统与环境有不可分割的联系，如系统要素或者子系统与环境的直接联系，也有系统作为整体与环境的联系。这种联系对于系统本身的稳定性是必要而且重要的。一般来说，系统(尤其是生命、社会系统)都是开放的，也就是说，这些系统与环境之间有物质、信息、能量的交换，它们与系统相互作用，才能生存和发展。环境的变化或者系统与环境之间联系方式的变化，往往会改变系统要素的关联方式，甚至会改变系统要素甚或系统本身的特性。

综上所述，一般意义上的“环境”与“系统环境”的区别在于：一般意义上的“环境”的中心物是唯一的，即“人”，其所包括的对象是除人以外的一切事物、现象的总和。基于这种约定成俗的理解，人们往往能够独立使用“环境”一词而忽略“人”这一中心物。正因为如此，其可以理解为一个抽象概念。而“系统环境”必须与“系统”关联到一起研究、使用，脱离“系统”谈“系统环境”是没有意义的。为了表示所述区别，当本书单独使用“环境”时，意即一般意义上的环境，当特指系统论意义上的环境时，使用“系统环境”一词。

(2)城市景观系统环境

系统环境的划分与系统范畴的界定方法密切相关。本书中，我们把由一个城市的所有城市景观所组成的体系界定为城市景观系统的内涵概念，而把指称世界或某一区域、某一国家等更大范围内的城市景观体系界定为城市景观系统的外延概念。换言之，如果把某个城市景观系统这个大系统放在某一区域或者全国等更大范围的城市景观系统之中，那它又是一个子系统或者要素了。每当城市景观系统以子系统或者要素出现在更大的系统之中时，它就必然地要与其他的要素或者子系统发生关系。这时，其他的要素或者子系统相对于城市景观这个子系统来说，就是环境。

①城市景观受周边空间环境的影响。

或许我们每个人都有这样的审美体验，当我们去杭州西湖游玩时，欣赏的重点并非西湖湖面本身，而是西湖及其与周边建筑天际线、滨水空间等要素构成的景观。试想，如果把武汉长江大桥按照现有构造直接建到某一河流或湖面上，它作为"万里长江第一桥"的磅礴气势将不复存在，其与蛇山所营造的"龟蛇锁大江"的千古美誉也将消失殆尽。又如北京故宫建筑组群，其独特的审美价值也是因为有了周边现代建筑的衬托才显得更加突出。以上列举的案例告诉我们，作为审美对象的城市景观并不是孤立的，而是与周边环境有着密切的联系。正如我们通常所说，红花还需绿叶配。

②城市景观受社会人文环境的影响。

在实际生活中，不同城市景观都是特定社会时期的产物，其景观特征难免带有一定的社会人文印记。如上文中提到的杭州西湖，其优美动人的神话传说已经把西湖、断桥、雷峰塔、长桥等物质实体要素和自然、人文、历史、艺术等社会人文因素巧妙地融为一体，才营造出别致的城市景观意象。又如北京故宫代表了明清宫廷建筑文化，而水立方则代表了现代北京与世界国际潮流接轨的发展趋向。

4　基于系统优化基本原理的城市景观系统优化目标与方法

本书在第2章中，从系统科学与系统工程的角度详细阐述了系统优化目标、系统优化方法与系统优化的理论基础，并以系统科学理论角度为出发点对城市景观系统进行了剖析，总结了很多划分城市景观系统结构的一般思路。本章将结合系统科学的系统优化基本原理方法与城市景观系统的特点，来探讨与设计城市景观系统中的系统优化原理。

从系统工程与系统科学的角度看，城市景观系统优化应包含两个部分的内容，其一是城市景观系统优化的目标，其二是城市景观系统优化的原理与方法。城市景观系统优化的目标是城市景观优化的目的与方向，只有明确了目的与方向，才能更好地开展城市景观系统的优化工作。城市景观系统优化的原理与方法是城市景观优化的渠道与路径，只有遵循正确的方法指导，才有可能做好城市景观系统的优化工作，达到城市景观的系统优化目标。

4.1　基于系统优化基本原理的城市景观系统优化目标

我国著名的系统科学家钱学森从系统规模、系统内涵的角度将系统分为小系统、大系统、巨系统、复杂巨系统。对于不同规模的系统，系统的优化目标也有显著的差异。系统的规模越大，与外界的关联越广泛，在系统优化过程中，人们对系统优化目标的需求也会越多。

对于小系统，其优化目标可能较单一。如将一栋标志性建筑看做一个自成体系的系统，其优化的目标就是从高度、结构、材质、色彩等方面凸显其在一定地域范围内的独特性和标志性；又如一条步行商业街景观系统，其优化目标就是营造不同主题的、宜人的步行商业环境。

城市景观系统是由多个小系统组合构建而成的复杂巨系统，它既有着复杂的内部结构，又有着层次多样的系统优化目标。当人们从复杂巨系统的角度对城市景观系统进行优化时，就必须考虑到城市景观系统优化目标的多样性，需要考虑的城市景观系统优化目标包括景观的审美效果、景观的功能效果、景观的社会效果等。

为了在同一个平台上对城市景观系统优化的各类优化目标进行讨论与研究，本书依据系统科学的思想，将城市景观系统的系统优化目标归纳为如图 4-1 所示的三个维度，依次为形式维度、功能维度与社会人文维度。其中形式维度指的是城市景观系统的表现形式，包括城市景观系统的材质、色彩、设计结构、类型等。功能维度指的是城市景观系统的社会服务功能的特性，包括城市景观的服务功能、城市景观的经济功能、城市景观的环境功能等。社会人文维度指的是城市景观的社会人文属性，包括历史、文化、政治、民

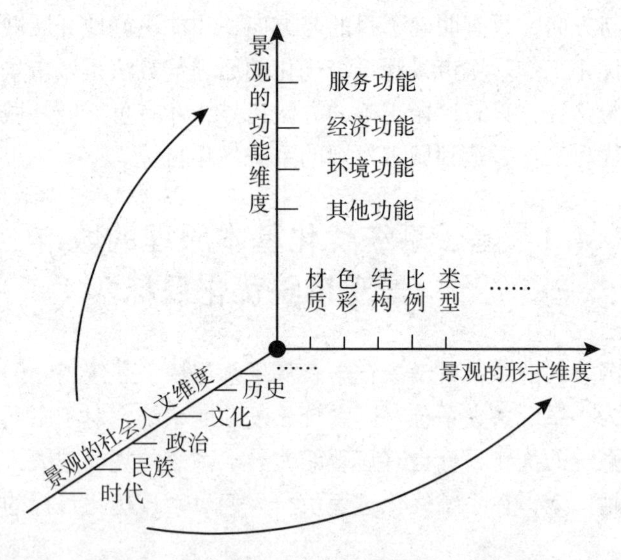

图 4-1 城市景观系统优化目标的三个维度

族、时代感等。

那么从这三个维度去思考城市景观系统的优化目标时，如何判断一个城市景观是否优化了呢？我们认为一个经过系统优化后、理想的城市景观系统应能对上述各类目标做到既能兼容并蓄、统筹兼顾，又应有自身鲜明的特色。而本书第 4 章将就此问题展开详尽讨论。

4.2 基于系统优化基本原理的城市景观系统优化方法

依据系统科学层次理论分析城市景观系统时，可认为城市景观系统是由种类繁多的各种城市景观系统要素，按照多种复杂的结构组合而成的。这里包含了城市景观系统中的三个概念，分别为城市景观系统要素、城市景观系统要素间复杂的组织结构、城市景观系统整体效果。本节将依次从这三个方面对城市景观系统优化的方法组织展开讨论。

4.2.1 基于系统优化基本原理的城市景观系统要素

(1)基于系统优化基本原理的城市景观系统要素划分

整合式和还原式是分析系统内部层次结构的两种基本范式(如图 3-5 所示)。由于目前围绕城市景观的研究中直接以“城市景观系统”为研究对象的成果较少，大多数学者采取一种“就景观论景观”的研究思路，因此本书在构建基于系统优化的城市景观系统结构时也从最基础的城市景观实体着手，即采取“整合式”这样一种从要素到系统的方法来搭建城市景观系统的框架。

前文列举了城市景观系统要素分类的三种方法：一是根据城市景观系统的定义，将城市景观系统要素分为自然类和人文类；二是从构成城市景观的独立性，将城市景观系统要素分为“实体型”和“空间型”；三是从城市景观的影响因素的角度，用“子系统”的概念取代“因素”，将城市景观系统划分为城市景观形体系统、城市景观色彩系统、城市景观材质系统三个子系统。

对于第一种分类方法，将城市景观系统要素划分为自然要素和人工要素固然客观正确，但是带有强烈的还原论色彩，而对于城市景观的系统优化并无太大的现实意义。因为在现实生活中，人们通常所描述的城市景观往往并不是上述某一类自然要素或人工要素单一表现，而是由不同类要素共同组成的具有特定审美意义的对象。纵观身边错综复杂、千姿百态的城市景观，都是这两类要素在一定地域上千变万化相互融合的产物。第三种分类方法将影响城市景观的因素进行高度概括，由于每类因素仅是对城市景观某一类特征的描述，其在对应到不同的城市景观上时优化的方法会有很大不同，不便于从系统科学基本原理的层面开展优化研究。

基于此，本书将城市景观系统要素分为“实体型”和“空间型”两类。“实体型城市景观系统要素”主要包括建筑、构筑物、植物、环境设施等小类，“空间型城市景观系统要素”主要包括城市广场、城市公园与绿地、城市街道、城市滨水空间等小类。

也许有人会质疑：“空间型城市景观系统要素”实际包括“实体型城市景观系统要素”，这样划分是否有重复的嫌疑呢？本书对这个问题做如下解释：

①脱离空间的城市景观系统要素是不完整的。在相关研究中，很多学者倾向于将城市开放空间作为一种城市景观类型进行分析。张京祥(2000)也曾指出：“空间也是一种城市要素。”在实际生活中，除了那些标志性建筑、构筑物等表现出很明显的实体审美特征以外，更多城市景观往往表现为由多个、多种景观实体及它们形成的外部空间一起所构成的公共活动场所。如广场景观必然包括其中的小品、园林植物、水景设施等城市景观系统要素，街道景观也离不开其两旁的围合建筑，历史街区则更是由很多历史建筑单体及其所形成的街巷所共同组成。此时，如果单独欣赏其中任何一个实体要素所得到的审美意象都不完整，只有综合欣赏这些实体城市景观系统要素及其外部空间共同构成的整体环境，才能得到完整的、有意义的审美意象，这个审美意象也即“空间型城市景观系统要素”的审美意象。基于以上分析，本书认为将城市景观空间要素作为城市景观系统要素的一种类型单独提出是成立且具有重要现实意

义的。

②脱离城市景观实体要素的城市景观空间是没有意义的。城市空间有狭义和广义之分。狭义的城市空间是指“城市范围内实体部分以外的其他部分即城市的虚体部分”，广义的城市空间是指“实体和虚体共同存在的范围或领域”，其进而指出：“一般情况下，这种以‘场’(指人活动的场地或场所)来描述的城市空间不是一个纯粹的狭义概念，或者说不是一个纯粹的虚体概念，这是因为‘场’内有一定量的物质构成要素。”①这也是本书将城市景观空间要素界定在广义空间涵义的参考依据。试想，如果抛弃城市景观空间中的城市景观实体要素，那么这个空间作为城市景观的基础也不复存在了。所以，本书将空间型城市景观系统要素界定为“实体”与“虚体”的共同体。

③仅仅谈“实体型城市景观系统要素”或者“空间型城市景观系统要素”都是不全面的。在实际生活中，除了那些标志性建筑、构筑物景观、雕塑景观表现出很明显的单体审美特征以外，更多城市景观往往表现为实体与空间相互交织的城市景观“综合体”。但是如果因为空间对实体的包含关系而用“空间型城市景观系统要素”代替“实体型城市景观系统要素”，“空间型城市景观系统要素”应继续往下细分直至物质形态要素层面才符合系统要素划分的一般原则，而这样划分又会得出类似前文第一种划分方法的结果，对于城市景观的系统优化并无太大的实际意义，所以这样划分也不太准确。

综上所述，本书将“实体型城市景观系统要素”和“空间型城市景观系统要素”作为同一层面的并列要素。这两类要素的共同点是都具有独立的城市景观的含义，前者强调的是城市景观实体自身所表现出来的景观意象，这时城市景观实体与周边空间联系较弱；后者强调的是城市景观实体与空间相互交织后所表现出来的综合景观意象，此时，城市景观周边的“虚体”——空间已经融入城市景观的审美意

① 余柏椿. 非常城市设计——思想·系统·细节[M]. 北京：中国建筑工业出版社，2008.

象中，成为“空间型城市景观系统要素”中不可或缺的一分子。

本书将城市景观系统要素定义为构成城市景观系统的基本景观单元。结合上述分析可知，本书中“基本景观单元”也即“实体型”和“空间型”要素下的建筑、构筑物、植物、环境设施、城市广场、城市公园与绿地、城市街道、城市滨水空间等景观单元。也就是说，下文中所分析的城市景观系统要素包括建筑、构筑物、植物、环境设施、城市广场、城市公园与绿地、城市街道、城市滨水空间等类型。

4.2.2 基于系统优化基本原理的城市景观系统结构

结合上文城市景观系统要素的分析，按照城市景观系统要素的两种类型——“实体型”和“空间型”，本书将城市景观系统划分为实体型城市景观和空间型城市景观两个子系统，将建筑、构筑物、植物、环境设施、城市广场、城市公园与绿地、城市街道、城市滨水空间等不同类型的城市景观作为它们下一层面的要素，进而将城市景观系统划分为“系统——子系统——要素”三个层面组成的系统。该系统结构如图 4-2 所示。

城市景观系统结构有着不同层面的含义，而其在不同层面上所

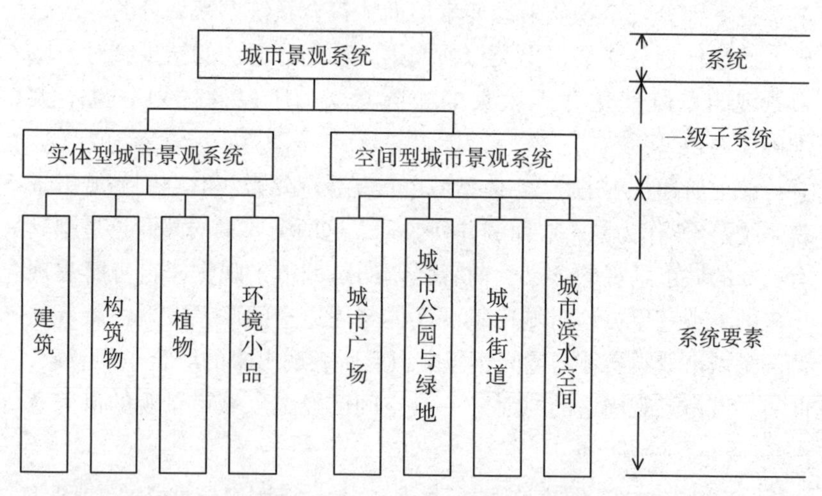

图 4-2 基于系统科学优化基本原理的城市景观系统结构

表现出来的不同含义与子系统以及层次的划分不无关系。基于系统优化思路，按照如图 4-2 所示城市景观系统结构分析，本书将城市景观系统结构概括为以下三个层面来理解。

(1)微观层面

微观层面的城市景观系统结构是指城市景观系统要素自身的结构关系。比如某单体建筑物、构筑物的大小、尺度、比例等结构关系；某城市广场的大小、尺度，绿化植被与硬质铺地之间的大小、形状关系，雕塑与绿化植被的关系，地形变化、座椅与广场等其他组成要素之间的关系等。这些结构关系是规划师或者景观设计师在进行景观设计过程中必须考虑的方面，从微观层面结构关系的角度出发探讨城市景观优化设计也成为目前大多数城市景观理论的研究基础。如现在被广泛应用于建筑美学研究的形式美的一般规律——比例、整体统一、对称均衡、节奏韵律、多样统一等，实际就是对微观层面的城市景观系统结构的描述。

城市景观实体要素是整个城市景观系统中最基本的构成要素，其结构关系在城市景观系统结构体系中占据重要基础地位，它们不仅直接影响城市景观的表现效果，而且还通过这种表现效果影响着人们的景观审美心理。我们都有这样的审美体验，有时候相似类型的城市景观场给人带来的审美愉悦感是不一样的。这也从一个侧面说明，结构主义关于“关系”重于“关系项”的论述并非空穴来风。从系统论角度来看，作为城市景观系统要素的城市景观实体实际也是一个自成体系的系统，其结构关系是由更微观的要素或者因素来支撑的。虽然我们能从各个角度认识到城市景观的内部结构，而且这种结构能在人们通常审美时观察到的空间尺度里通过城市景观系统要素的形式表现出来，但是由于结构终究是一个抽象概念，因此要想完全了解它的属性是非常困难的。这大概也就是为什么在有景观标本参照的情况下，城市景观借鉴、模仿、再创造却鲜有成功案例的深层次原因。

(2)中观层面

在生活中，我们常常见到一些规模比较庞大的城市景观。这类城市景观往往由若干“实体型城市景观系统要素”或者“空间型城市景观系统要素”通过一定方式有机组合而成，如北京故宫建筑群、巴黎长达8公里的从卢浮宫到德方斯大门的轴线、美国华盛顿中心以及荷兰阿姆斯特丹城市布局、中国平遥古城等(如图4-3所示)。本书将这类城市景观称为“城市景观集群”。在组成“城市景观集群”的系统要素中，有的要素本身就具有较好的城市景观意象，如德方斯大门、凯旋门、白宫等，而有的要素不一定能够吸引人们的注意，如平遥古城中单看每一栋建筑也许会很平凡。但是，当这些城市景观系统要素组合到一起后，这些城市景观整体的审美意象都能给人带来强烈的视觉冲击效果，从而给人带来一种单独欣赏城市景观系统要素个体所不能产生的审美愉悦。中观层面的城市景观系统结构就是指城市景观集群中各要素之间的构成关系。如果说微观层面的城市景观系统结构是景观详细规划设计的核心，那么中观层面的城市景观系统结构则是城市设计中要考虑的重要内容之一。

(a)华盛顿中心区

(b)巴黎德方斯

(c)中国平遥古城

图4-3 城市景观集群示意

(3)宏观层面

本书中城市景观系统的内涵为某城市地域范围内所有城市景观系统要素的集合，那么城市景观系统结构的内涵则是城市景观系统系统要素之间构成关系的集合。显然上述中观层面的城市景观系统结构只是这一集合中的一部分，很多在地域空间上没有明显关联关系的城市景观系统要素之间的构成关系并没有被包括进来。本书中宏观层面的城市景观系统结构即是指这部分构成关系。与微观层面的美学表现形式关系和中观层面的要素组合关系相比，这一部分构成关系由于失去了“空间”和“实体”等媒介因素而变得抽象很多。因此在大部分既有研究中，鲜有学者从这一抽象、宏观的角度对这些关系进行研究。

如果说微观、中观层面的城市景观结构影响的是城市景观空间或者实体的表现效果，那么宏观层面的城市景观系统结构的意义则更多体现在它对于一个良好城市景观体系的影响。目前，我们对于城市景观设计和建设往往采取的是“就景观论景观”或者“就空间论空间”的思路，这种指导思想很容易导致将目光仅仅集中于城市景观系统要素，陷入“一叶障目，不见森林”的误区。于是，每个城市景观系统要素都变成极具表现力的个体，每个城市景观系统要素都争做最大最好，唯恐落后。如城市标志性建筑不断被刷新的建筑高度、越做越大的城市广场等现象都是这种思想的反映。另外，每个城市在进行城市景观系统建设时也有很多盲目的抄袭、跟风现象，而置本城市已有的城市景观系统要素和景观资源条件于不顾。如一些北方缺水城市硬是要建音乐喷泉广场，一些中小城市为了形象工程不顾自身财力条件大修进口草坪等。诚然，城市景观系统要素的禀赋很重要，城市景观体系保持一定的差异性、多样性也很好，就如同雅各布的名言“多样性就是生命”，但是一个良好、和谐的城市景观体系的形成并不像数学加法那么简单，并不是参加加和的每个因子分值越高，加和因子越多，其加和结果就越高。

本书将城市景观系统视为一个复杂人工系统，与一般城市景观理论研究所不同的是，上述宏观层面的结构关系是本研究的重要内容之一。通过分析本书认为，城市景观系统体系内部也存在复杂的构成关系。一个良好的城市景观体系不是多个城市景观系统要素的简单叠加，而是受众多复杂因素影响的有机系统，是由城市景观系统要素构成的复合体。城市中既有自然景观又有人工景观，既有静态的实体设施又有动态的人为活动。城市景观系统表现为各种城市景观的交织与并演，反映的不是各个城市景观的独立效果，而是所有城市景观组成的复合效应。

在宏观层面上，本书将“实体型城市景观系统要素”和“空间型城市景观系统要素”作为统一的实心体看待，并将这些实心体抽象为“城市景观质点”，将城市景观系统结构看做这些抽象点在空间分布上的关联特征。从系统整体性来说，宏观层面的城市景观系统结构主要是指一个城市景观系统中所有“城市景观质点”的关联方式在宏观聚集后所表现出来的特征。

4.2.3 城市景观系统的整体效果

城市景观系统的整体效果指的是，通过上述的各类组织结构，将独立的各个城市景观系统要素结合起来，形成城市景观系统。从系统科学的角度看，可认为城市景观系统是各个城市景观系统要素通过各种组织结构结合在一起后，所展现出来的整体意象与效果。

各个城市景观系统要素就是系统科学整体论与涌现论中的“1”，城市景观系统要素间的组织关系就是系统科学整体论与涌现论中的“+”，而城市景观系统的整体意象与效果就是系统整合的效果。

当采取不恰当的方式来组合城市景观系统要素形成景观系统时，就可能出现“1+1＝2”或“1+1<2”的结果，当采用合理的方式组合景观系统时就能出现“1+1>2”的效果，即使得景观系统的整体效果大大强于单个景观效果的加和。

而城市景观系统优化就是系统地去分析城市景观中的各类城市景观系统要素与城市景观系统要素间的组织结构关系，通过合理的整合、组织与优化，使城市景观整体意象或效果由“1+1＝2”或“1+1<2”变成“1+1>2”，涌现出整体大于局部之和的效果。

从上述分析与讨论中可以看出，城市景观研究中传统的“就景观论景观”的思路已无法适应未来城市景观的发展需求。因此，本书将结合系统科学中的有序性原理、层次结构原理、自组织、自适应原理、涌现原理等理论与方法，从城市景观系统结构的微观、中观和宏观入手，从系统论的角度出发，深入剖析在形成良好城市景观体系过程中的规律和原理。

4.3 小　结

城市景观系统是本书的核心概念之一和主要研究对象。本章首先对城市景观的含义进行了综述，结合研究需要，本书将城市景观定义为：城市地域范围内的人文景观和自然景观。结合该定义以及系统科学理论，本书将城市景观系统定义为：城市地域范围内由人文景观要素和自然景观要素共同组成的，具有一定层次、结构和功能的，处于一定城市环境中的复杂系统。在此基础上，运用系统科学理论，从系统要素、系统结构、系统环境三个方面对城市景观系统的含义进行深入剖析。最后，在以上分析的基础上结合系统科学优化基本原理，将城市景观系统要素划分为“实体型城市景观系统要素”和“空间型城市景观系统要素”两类，并将城市景观系统结构的含义分解为微观、中观、宏观三个层面，为下一章城市景观系统优化原理的展开做铺垫。

5 城市景观系统要素优化理论与方法

5.1 系统科学视角下的系统要素优化

由系统科学中的层次原理、整体原理与涌现理论可以知道，系统是由种类繁多的各种基本要素，按照复杂的结构组合而成的，要素通过这种复杂的结构关系互相作用后，涌现出系统特定的整体特性。

因此，从系统整体原理的角度出发优化系统整体性能时，必须从两个方面入手进行优化，一方面是对构成系统的基本元素进行优化，另一方面是对系统元素间的结构关系进行优化。由系统整体论可知这两个方面的优化对于系统整体性能的优化都同样重要，都可以达到优化系统整体性能的目的。如在社会系统中，优化系统中每个单一元素“人”的素质，可以让社会系统性能更优；同样优化社会系统中的“人”之间的组织结构，也可以提高工作效率，进而让社会系统性能更优。

本章将重点讨论系统中要素的优化，在下一章中将重点讨论系统结构的优化。

5.1.1 系统要素优化的内涵

系统要素作为整体系统中的组成部分，为系统的整体性能提供必要的支撑。如汽车系统中的发动机，作为汽车系统中的一部分为汽车系统的正常运转提供必要的支撑。那么，系统要素优化的内涵就是通过优化系统中要素的性能，使其能更好地为系统整体提供支撑。如汽车系统中的发动机，最初采用蒸汽式的方式为汽车提供动力，后来经过优化采用柴油的方式为汽车系统提供动力，再后来又经过优化采用汽油的方式为汽车系统提供动力。可以看到随着每次汽车系统中发动机要素的优化，汽车系统的整体性能得到了大幅提升。

5.1.2 系统要素优化的目标

依据系统整体论知，系统要素优化的目标是提升系统整体的性能和表现，而不是追求单一要素的最优与最佳。如在体育运动队系统中，某个运动员只是运动队系统中的一种要素，无论某个运动员的水平再如何优化，若其不能和其他队员默契配合、形成合力，也无法提升运动队系统的能力。

5.1.3 系统要素优化的方法

由于系统要素优化的目标是提升系统整体的性能和表现，而不是追求单一要素的最优与最佳，因此在选择、设计系统要素优化方法与评价系统要素优化方法的效果时，都要以系统要素优化后系统整体性能和表现的变化为依据。

由于系统特性的各异，不同系统中系统要素优化的方法也不尽相同。在工程系统中，系统要素的优化大多是以工程技术的方式进行的，如在载人航天神舟工程系统中，对于发动机要素的优化，就是采用各种机械技术、电子技术、电机技术等工程技术方法来进行发动机要素优化的，通过优化提升了发动机要素的各种工程性能指标，包括推动力更大、质量更轻、燃烧效率更高等。

在人文系统中，系统要素的优化大多是以人文艺术的方式进行的，如前文谈到的“僧推夜下门”与“僧敲夜下门”中，“推”“敲”两字的优化就是典型的诗歌系统中系统要素的优化，通过系统要素某个字的优化能优化整个系统诗歌的意境。

在社会系统中，系统要素的优化大多是以管理与社科的方式进行的，如企业系统中，优化企业系统中企业领导要素的个人素质，就能在一定程度上提升企业系统的管理水平，达到优化企业系统的目的。

通过上述分析可知，虽然不同系统中系统要素优化的方法并不相同，但在选择与设计系统要素优化方法时，都注重使系统要素优化后能更好地提升系统的整体性能，要注重要素的优化要服务于系统整体的优化。

5.2　城市景观系统要素优化含义

在讨论城市景观系统要素优化原理之前，笔者认为应首先对“优化”和“原理”的含义作进一步论述，以免在后文理解中出现歧义。

从广义系统论讲，所谓优化，是使一个系统尽可能地有效完善。在这一过程中，涉及很多不同的层面，比如方法上，有哪些优化的方法；又如理论层面，可以采取什么样的理论作为指导依据。方法产生于大量客观实践，而理论则产生于学者的主观归纳和总结。理论的产生也离不开方法的成熟，方法受理论指导。所谓原理，实际是方法和理论之间的一个层面，它“通常指某一领域或部门中具有普遍意义的基本理论，以大量实践为基础，正确性为实践所检验与确定”①；而理论则是“概念、原理的体系，是系统化了的理性认识，具有全面性、逻辑性和系统性的特征”②，因此可以认为，原理是沟通实践和理论的桥梁。“城市景观系统优化”是一个复杂的新课题，其在方法探讨与理论研究层面都还处于一个正在被人们关注的起步阶段，如果对其理论进行归纳时机尚不成熟。因此本书选择从原理角度出发来探讨城市景观系统优化问题，这样既可以更好地与具体景观实践层面相结合，增强论文说理性，也期待能为城市景观系统优化理论升华抛砖引玉。

---

① 辞海[M]. 上海：上海辞书出版社，2000：418.

② 辞海[M]. 上海：上海辞书出版社，2000：3445.

5.3　城市景观系统要素优化原理

沙里宁曾说："整个宇宙，小至极微，大至无穷，都是按照下列的双重思想组成的，即既有个体，又有由个体相互协调而形成的整体。另外，我们还发现，所有生物的生命力，都取决于：第一，个体质量的优劣，以及第二，个体相互协调方式的好坏……按照这两条原则，事物才能够具备上面的双重性质，才能够促进和维持自己的生命力。"①沙里宁的论述给了本书两个启示：第一，城市景观系统优化首先要从系统内部"个体质量"抓起，这里个体也可以理解为本书的某一个城市景观系统要素；第二，城市景观之间的相互协调方式的优化是城市景观系统整体优化的重要方面。而这两条原则也正好与系统科学理论对于要素与要素结构在形成系统整体时的观点不谋而合。基于系统优化的城市景观系统结构在宏观—中观—微观层面的不同含义可知，微观结构即关系到某一个城市景观系统要素的"个体质量"，中观结构不仅关系到空间型城市景观系统要素质量，也对在空间上相互关联的多个城市景观系统要素产生影响，宏观结构则是城市地域整体范围内城市景观系统要素协调方式的直接体现。本节基于系统科学优化思想，结合城市形态学、审美心理学等相关理论，按照微观—中观—宏观的由要素及整体的顺序分层面对城市景观系统优化原理进行探讨。

本书中的城市景观系统要素分为实体型城市景观系统要素和空间型城市景观系统要素两类，虽然这个界定只强调了城市景观系统要素的客观物质和空间属性，但是在实际生活中，城市景观备受审美主体、社会文化背景以及各种活动、事件等因素的综合影响。这些外在影响因素的存在使得城市景观系统要素的优化不仅与要素本身的禀赋有关，还受到优化主体——"人"的主观评价的制约。可以认为，由于城市景观系统要素与人的密切关系，其优化问题是一

① 伊利尔·沙里宁．城市——它的发展、衰败与未来[M]．顾启源，译．北京：中国建筑工业出版社，1986：9.

个要素禀赋与优化主体——尤其是影响优化主体评价的心理因素——之间的综合协调问题。本小节以此为切入点，从要素禀赋与优化主体两个方面分析它们对城市景观系统要素优化的影响，进而对一般优化原理进行综合论述。

5.3.1 城市景观系统要素禀赋分析

要素禀赋本是经济学术语，是指生产要素的素质和状况，也就是对一个特定地区或国家所拥有的生产要素的综合评价，要素禀赋状况是一个国家或地区发展经济的基本依据之一。[①] 城市景观系统要素禀赋是对城市景观在外部形态特征(颜色、尺度、线条、质感等)以及内涵(典故、历史、社会意义等)等方面所体现出来的属性特质的综合评价。

5.3.1.1 城市景观系统要素禀赋属性特征分析

结合城市景观系统要素的定义，本书认为城市景观系统要素禀赋的属性特征主要体现在形式、功能、社会人文三个方面。

(1)形式禀赋

《辞海》对形式的解释为“事物的结构、组织、外部状态等”，城市景观系统要素的形式即城市景观实体的外观造型、色彩搭配、大小比例、图案纹样、光泽质感、节奏韵律等方面所表现出来的特征。据统计，在人接受的外部信息中，80%~90%是通过视觉获得的，视觉是大多数人们观察生活中各种事物的首选方式，也是人们获得城市景观形式特征的基础。因此，城市景观的形式特征往往成为影响人们对其进行审美判断的首选因素。

在实际生活中，很多城市景观都能凭借自身的形式禀赋特征给人以深刻的印象。如巴黎埃菲尔铁塔 324 米高的塔状钢架镂空结构，武汉黄鹤楼攒尖顶、五层八角飞檐的形式特征，北京国家游泳中心水立方根据细胞排列形式和肥皂泡天然结构设计的膜结构等，都以其独特的形式禀赋成为同类城市景观中的佼佼者。

在美学研究领域，形式美是重要的美的表现形式之一。作为一

① CNKI 概念知识元库：http：//define. cnki. net/。

门社会科学，现代美学的渊源可以追溯到古代思想家对美与艺术问题的哲学探讨。对艺术实践经验的总结与研究，是美学思想的起源与萌芽。人类在创造美的过程中，不仅逐渐掌握了各种艺术美的形式特性，并且对其规律进行高度总结，概括出各种形式美的一般规律。这些规律很多被写进教科书用于指导人们后续的实践活动，被普遍应用于服装设计、室内装潢、城市建设等社会生活的各个方面。虽然城市景观美不完全等同于艺术美，但是这些具有高度概括性与普适性的形式美规律仍然对其有重要的指导意义，正如黄亚平教授(2002)指出："我们认为，外在形式美对于建筑、城市空间而言都具有特殊重要的意义。"

形式美的一般法则包括齐一、对称、平衡、比例、节奏、对比、调和、主从、多样统一等。① 这些法则是单体城市景观系统要素形式美的基本原理，但在运用到城市景观系统要素优化中时须与城市景观的具体特征相吻合。

(2)功能禀赋

建筑学领域的功能是与形式相对的。在设计史上，美国芝加哥学派的路易斯·沙利文(Louis H. Sullivan)第一次提出了著名的"形式追随功能"的思想。在沙利文看来，大自然通过结构和装饰而不需要人为添加就能显示出自己的艺术美来。他的观点后来由他的学生莱特进一步发挥，成为20世纪前半叶工业设计的主流——功能主义的主要依据。1926年，欧洲的一些建筑师在瑞士利亚萨拉城堡召开"国际现代建筑会议"，他们在会议决议中指出："城市建设就是要把城、乡集体生活的各种功能组织起来。在城市建设中，起决定作用的不是美学的标准，而是功能的标准。"②忽视、否定城市的美学标准虽然过于片面，但是强调城市的功能性无疑具有积极的现实意义。城市景观系统作为城市系统的子系统，只有在功能上适

① 和晓燕．现代环境景观设计的形式美[D]．南京：南京林业大学，2005：21.

② 奥斯特洛夫斯基．现代城市建设[M]．冯文炯，等译．北京：中国建筑工业出版社，1986.

应了城市的发展，才具有更完整的意义。

城市景观系统要素的功能禀赋可以从两个方面来看：一是人对城市景观系统要素的功能需求，体现为审美功能、实用功能等；二是城市发展对城市景观系统要素的需求，体现为教育功能、经济功能等。

①审美功能。优美的城市景观能够给人以美的享受，成为人的审美对象，满足人的高层面的精神需求。很多城市景观中体现出来的秩序、比例、均衡、和谐的结构美，能引起人们美的感受，使人们的身心得到舒解，从而激起进行创造性劳动的巨大力量。城市景观的审美功能直接受形式禀赋的影响。如武汉黄鹤楼建筑本身不承担城市的主要功能职能，它的主要意义在于其对城市空间环境品质的促进，它凭借自身的优美特征成为城市重要的审美对象，同时也为人们提供登高欣赏城市美景的场所，审美功能是它最突出的功能特征。

②实用功能。拥有实用功能的城市景观主要是城市中的建筑物及构筑物。如国家游泳中心承担城市重要的体育竞技与健身功能，武汉长江大桥承担着武汉三镇过江交通联系的重要职能等。在实际生活中，还有很多城市景观都是城市有机体的重要组成部分，在城市中承担一定的职能和作用，是城市景观实用方面功能的体现。

③教育功能。很多城市景观都是城市展示的一个“窗口”，是城市本身文化积淀、历史发展等文明的反映。它们不仅对市民群众具有教育、警示等社会功能，还是外地游人了解一个城市的通道。在这些城市景观的熏陶下，能够激起人们热爱生活、热爱家乡、热爱国家的真挚情感，能够进一步升华人们的精神文明。

④经济功能。城市景观虽然最初只是为了满足人们审美需求的产物，但是在当今，一个城市其良好的城市景观环境不仅是经济持久发展的基础，而且还是增强城市实力，特别是吸引投资、发展旅游业的必备条件。如云南丽江古城，旅游业是其重要支柱产业，旅游业收入占 GDP 比例高达 60%以上。①

---

① 宁宝英，何元庆．丽江古城的旅游发展与水污染研究[J]．中国人口·资源与环境，2007(5)：125.

(3)社会人文禀赋

这里的“社会”是与“自然”相对而言的，泛指社会生活中由人类活动创造的方方面面，兼具政治、经济、文化等内涵。如前文所述，城市是人类对自然环境加以改造的结果，人们在创造美好城市环境过程中会自觉或不自觉地把个体的价值观赋到城市景观的建设中去。自然景观是城市景观产生发展的基础，因此，城市景观系统要素的社会人文禀赋是其区别于自然景观的重要方面。例如佛罗伦萨主教堂在建筑史上占有重要的历史地位，是因为其史无前例的穹顶技术代表了当时最先进的社会生产力，是文艺复兴时期的报春花；巴黎埃菲尔铁塔当时世界第一的高度以及全钢铁结构是世界工业革命的象征，正是这些与特定历史背景关联的社会人文条件赋予了城市景观独特的社会人文禀赋，而这些禀赋特征是其他任何景观所无法替代的。

尽管人们创造城市景观的最初愿望是美好的，但是这种美好的动机和行动却不一定会带来“美”的结果，这说明城市景观的社会人文禀赋的优劣会通过形式表现出来并被人们认知。城市景观系统要素除满足上述形式和功能上的要求外，有时还必须满足一定的社会“潜规则”才能带给人们愉悦的审美体验。社会人文因素对城市景观系统要素禀赋的影响主要体现在风格、精神面貌、价值观念等。比如巴黎埃菲尔铁塔是世界工业革命的象征，美国纽约中央公园被称为“第一个真正意义上的现代城市公园”等，都表明这些城市景观在社会人文方面特有的禀赋特征。

需要特别说明的是，某些学者将自然禀赋纳入城市景观系统要素的第四类禀赋。这种观点固然有道理，但是本书的研究仅从形式、功能、社会人文三个方面来分析城市景观系统要素禀赋。这是由于本书认为这样划分对于任何城市景观系统要素而言都是适用的、确定的，但是自然禀赋的适用范围却只限于某些特定类型的城市景观系统要素，也就是说，并不是所有城市景观都必须体现自然禀赋。那么，是不是因为本书不将自然禀赋单独列出就失去了研究的一个重要方面呢？通过分析，笔者认为也不尽然。笔者认为与其将自然要素看做城市景观系统要素的一个禀赋，还不如视其为城市景观的一种类型更加妥当。很多学者都将城市景观系统划分为由自然景观和人工景观组成的系统，从这里也可以看出，自然因素对城市景观的影响更主要体现在类型方面。此时，城市中的自然景观在自然禀赋方面的特征同样可以从自然的形式、自然禀赋带来的各种功能以及社会人文禀赋来进行分析。

5.3.1.2 城市景观系统要素禀赋差异性分析

差异性是城市景观系统要素禀赋的重要特征。在城市景观系统等级特性的分析中已经指出：城市景观系统等级性可理解为系统内部城市景观禀赋的优良程度的排序，因此，城市景观系统要素禀赋的差异性对于系统的形成具有十分重要的意义。城市景观系统要素优化也即改善和提高要素禀赋，从而使城市景观系统要素能够带给大众更好的景观意象。

形式禀赋的差异性主要体现在外观造型特征、色彩搭配方式、大小组合关系、图案纹样、光泽质感、节奏韵律变化等方面，一般仅凭肉眼观察就能识别。如意大利整形式花园与一般自然式花园在植物造型上存在显著的形式禀赋差异(如图 4-1 所示)。

(a)整形式花园

(b)自然式花园

图 5-1 形式禀赋具有差异性的自然景观

功能禀赋的差异性一般随城市景观系统要素的具体类型而定。如桥梁类城市景观系统要素的主要功能是联系被江、河、湖泊等分隔的城市功能片区的交通流；城市中江、河、湖泊等水体要素的主要功能体现在饮用水水源、观光旅游、改善生态环境等方面；城市广场要素的主要功能有交通集散、举行庆典活动、日常休憩、健身、交往等(如图 5-2 所示)。

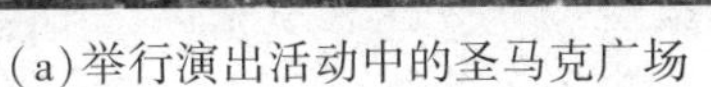

(a)举行演出活动中的圣马克广场

(b)设有咖啡茶座的小广场

图 5-2　城市广场的功能禀赋

社会人文禀赋差异性与城市景观系统要素所处的地理环境、社会制度背景、历史时代等因素相关。如北京四合院，营造型制规整，讲求风水理论，院落宽敞开阔，阳光充足，代表了中国传统的居住观念；与之相比，现代随处可见的摩天大楼则代表了新材料、新结构出现后人类征服自然的文化观。

综上所述，本书认为城市景观系统要素优化受形式禀赋、功能禀赋、社会人文禀赋多种因素的影响和制约。不同禀赋在城市景观系统要素优化中的地位和所起到的作用是不同的，各种禀赋又存在级别、品质上的参差，城市景观系统要素优化并不是将所有禀赋进行最优化那么简单，如果将城市景观系统要素看做一个由形式、功能、社会人文因素组合的系统，其优化问题存在更深层次的系统内涵。

5.3.2　“人”对城市景观系统要素优化的影响

(1)优化主体审美心理分析

在影响城市景观系统要素优化的外在因素中，优化主体——“人”的主观因素是众多影响因素中最重要、最直接、关系最密切的一个。人对城市景观系统要素优化的重要影响可以从三个方面来看：其一，作为城市景观系统优化的主体，不管是设计层面的优化还是建设层面的优化，都离不开人的直接参与；其二，人又是城市景观系统要素的直接使用者和欣赏者，作为审美对象的城市景观，人是其审美主体；其三，人还是城市景观系统要素优化的直接评判者。优化结果的好坏、程度都是建立在人的主观判断的基础之上的。以上围绕城市景观系统要素优化的种种行动、判断都是受心理指引的。而在众多心理学门类中，这些围绕人与城市景观系统要素优化的心理活动与审美心理关系最为密切，因此本书选择从审美心理角度出发，探讨城市景观系统要素优化背后的深层次原因。

审美心理学研究的基本对象是审美经验。杨恩寰指出："审美经验到底是一种什么样的经验，这是一个众说纷纭而难以回答的问题。从美学史以及现代美学理论中发现一个最基本的看法，就是认为审美经验是一种情感经验，是一种感受或体验到的快乐、愉快。"①审美经验有多种表现形态，如优美感、壮美感、崇高感、悲剧感；审美经验有阶段层次之分，如感性直观引起的感观愉快、超越自我的愉快等。

审美经验的实现是建立在审美主体对审美对象美的属性的客观把握与主观心理分析的基础之上的。这种审美主体对审美对象的分析机制也即审美(心理)能力。审美能力是由多种审美心理要素组合而成的，这些心理要素包括审美感知、审美想象、审美理解、审美情感(在某些文献中，这些要素也被归纳为构成审美经验的心理要素)。审美感知是审美经验的基础和依托，它是审美经验发生的基本前提。审美想象是审美经验的载体和纽带，它是审美经验扩展和深化的基础。审美理解是引领审美经验突破感知、想象、情感等感情因素，使其具备规范性、制导性、可领悟性的关键因素。审美情感是审美经验的核心动力，没有情感的推动、渗透，单纯的感知、想象、理解就不能形成审美经验，也不会引起任何审美愉悦。这四种审美能力共同组成的一个网络结构，就是审美(经验)的心理结构。

① 杨恩寰．审美心理学[M]．北京：人民出版社，1991：34-35.

以上对审美经验的分析帮助我们认识了一个“理性人”在完成一个完整的审美过程中的审美心路历程，可以看出，这个过程是由浅入深、由低级到高级变化的。虽然审美心理学研究中将这四个心理因素分别提取出来加以描述，但是在实际审美经验的发生过程中，这些心理过程通常是在潜意识中共时发生的，而且其发生的过程也不完全遵照“感知—想象—理解—情感”的顺序，而是有一种交互、反复的过程。另外，对于有差异的审美个体而言，其审美心理结构受本人的审美需求、审美价值、审美意识等多种因素的影响较大，也会出现审美心理结构的断层、残缺等。对于优化而言，这些审美心理要素对城市景观系统要素优化有什么样的影响呢？

城市景观系统优化的最终目标是达成一个满意度较高的城市景观系统。这是我们每一个城市居民对生活环境的一种审美需求，而这种心理需求会因为人们的审美经验、价值观的不同而产生分级。比如对于进城务工一族来说，一个雕塑广场、一个普通喷泉、一片整形花坛也许就足以激起他们的审美愉悦感；但是对于那些对景观美学有深刻研究的专家学者而言，上述景观只是他们生活中司空见惯的环境，只有景观禀赋独特的城市景观才能满足他们高层次的审美心理需求。而在现实生活中，城市景观系统要素的审美主体是由不同职业、不同年龄、不同阶层的大众所组成的。这给我们的启示就是，城市景观系统优化的最终目的并不是将每个系统内部的每个要素都优化到顶级状态，而是使不同审美需求层次的人都能享受到审美愉悦。因此，城市景观系统要素优化首先要理清优化主体的心理层次，然后具体对症下药，否则，城市景观系统要素优化或者陷入“所有要素最优化”的误区，或者因为没有具体的目标而没有太大的实际指导意义。

(2)基于审美心理层次的城市景观系统要素优化层级

基于上文对审美心理学以及城市景观系统优化的相关分析，本书认为，城市景观系统要素的优化直接受到审美主体的审美经验的驱动。由于审美经验的层次性，城市景观系统要素优化可以分解为一个分层级、分目标优化的问题。更具体地讲，在分析城市景观系统要素优化原理之前，首先要了解大众对于城市景观优化的审美心理层次，与每个心理层次相对应的城市景观系统要素层次是什么，然后再分别就具体层次上的城市景观系统要素谈优化原理。

杨恩寰认为，审美经验的实现过程大体包括先后有序、程度有别的三个层次：直觉层次、领悟层次、超越层次。① 直觉是指审美感知对对象外观造型、色彩搭配、大小比例、图案纹样、光泽质感、节奏韵律等的直接把握、选择、组织而给予审美需要的某种满足。领悟则来自审美理解对对象形式蕴含的意味的领会和品位。超越则是在理解、情感因素的作用下，审美主体心理产生的一种激越的愉快以及对于生活之乐、生命之乐的心灵境界之乐，它也是审美经验实现的最高境界。审美经验的这三个层次呈现为一种情感状态和审美体验的递进关系，又各自具有相对独立性。每个层次都标志着一次审美经验的实现，有时候标志着一次审美经验的终结。

审美经验的这三个层次为我们揭示大众的审美心理层次提供了良好的理论支撑，据此本书将这三个层次与城市景观系统要素层次相对应，将城市景观系统要素优化分解为直觉层面要素优化、领悟层面要素优化、超越层面要素优化三个层面，这三个优化层面的含义分别为：

①直觉层面的城市景观系统要素。

直觉层面的城市景观系统要素是城市景观系统要素优化所应达到的最低级别的目标。直觉，顾名思义，就是仅仅通过感性能力对城市景观系统要素的外观造型、色彩搭配、大小比例、图案纹样、光泽质感、节奏韵律等禀赋条件的直观感受，不用通过对要素内容深入领会便能够得到感性愉快的审美经验。直觉层面的城市景观系统要素可以认为是城市景观禀赋“好”与“不好”的“分水岭”，城市景观系统优化的最基本目标就是要将原本在大众心中意象较差或者没有意象——也就是“分水岭”以下——的那部分城市景观改善提高到直觉能够感受到的层次甚至以上。

直觉层面的城市景观系统要素在整个城市景观体系中有重要的作用和意义，虽然它们的知名度也许不高，影响范围可能只限于某个小

① 杨恩寰．审美心理学[M]．北京：人民出版社，1991：119．

区或者特定地带，但是往往具有市民最需要的生活实用功能，也是数量上占主导地位的那部分城市景观系统要素，它们的优化将直接影响城市环境的好坏。比如日常生活中随处可见的小品、天桥、花坛、普通建筑、游园等都属于这一层面的城市景观系统要素。

②领悟层面的城市景观系统要素。

与直觉层面的城市景观系统要素相比，领悟层面的城市景观系统要素有两个特点：一是它们的影响范围往往为城市范围或者城市中的一个区域或者分区之内；二是它们往往具备一定的典故、背景、价值等供人们“领悟”的内涵。这一层面的城市景观系统要素通过特定的形式向审美主体传达其所蕴含的“内容”，从而使审美主体获得领悟层面的审美愉悦体验。对于这类城市景观系统要素而言，除某些城市景观本身因为是供人们使用而具备最基本的实用功能以外，大部分不再必备实用功能属性，其所蕴含的“内容”即其在社会文化方面代表的价值更加重要。比如大部分由各个省、自治区、直辖市、县人民政府公布保护的历史文化街区以及文物保护单位，一般县市各级城市广场、公园等都可以列入此类。

③超越层面的城市景观系统要素。

审美超越是审美经验实现的最高境界。要想实现审美心理的超越必然需要较高层次的审美心理结构，但是如果面对的仅仅是一个普通城市景观(比如小喷泉、某小区大门等)，纵然审美主体具备丰富的审美心理能力，恐怕也不能产生激越、宏远的审美愉悦。这说明，能够引起审美主体完成审美超越体验的城市景观系统要素还具备一些普通要素所不具备的特殊禀赋，这部分具备“特殊禀赋”的要素也就是本书所指的“超越层面的城市景观系统要素”。与前两种城市景观系统要素相比，超越层面的城市景观系统要素的影响范围不仅超出了本城市，而且还可能远达世界范围。它们往往是城市以上一定地域范围内稀缺景观资源的代表，而这些能引发审美超越的“特殊禀赋”的构成，也即下文要重点探讨的内容之一。

虽然这里采用了“影响范围”的方法来区分直觉层面、领悟层面和超越层面的城市景观系统要素，但是这只是为了便于理解而采取的描述方法，并不能作为区分三种城市景观系统要素的绝对标准。本书对于城市景观系统要素三个层级的划分是建立在审美心理学相关基础理论之上的，对三个层级城市景观系统要素的定义也是参照审美心理学相关术语，因此在实际操作中还是应该从审美主体对具体城市景观的审美经验所达到的层级来定位城市景观的级别。

5.3.3 城市景观系统要素禀赋优化原理

如果把城市景观系统要素看做一个自成体系的小系统，形式、功能、社会人文则可以看做影响这个小系统禀赋的影响因素。从系统角度来看，城市景观系统要素禀赋优化问题即转化为"形式—功能—社会人文"三者关联关系的优化。前文论述的系统优化一般原理在这里也是适用的。根据整体涌现原理可知，形式—功能—社会人文三因素同时最优并不是城市景观系统要素最优的充分必要条件，"形式—功能—社会人文"的整体涌现机制对城市景观系统要素禀赋优化具有直接影响。

城市景观系统要素可以根据审美心理层次划分为直觉层次、领悟层次、超越层次由低级到高级三个层次。这里根据上文对城市景观系统要素层级的划分，分别就各层级城市景观系统要素的优化问题进行阐述。

(1)直觉层面的城市景观系统要素优化原理

从前文对直觉层面的城市景观系统要素的定位可以看出，直觉层面的城市景观系统要素优化面临的主要对象是那些因为本身的禀赋特征还很弱以致不能被大众认知，又或者因为禀赋特征不合理而对周边城市环境产生负面作用的城市景观。根据直觉层面的城市景观系统要素的层级特性，本研究认为，形式禀赋和功能禀赋是直觉层面的城市景观系统要素的两个必备禀赋，而社会人文禀赋一般在更高层级要素中才有比较突出的体现。如果城市景观系统要素具备自然禀赋方面的属性，那么其自然禀赋的优化归根结底还是由自然要素的形式、功能决定的。因此，本书将直觉层面的城市景观系统要素优化原理归纳为"功能-形式禀赋涌现原理"，该原理的内涵可分述如下：

①形式禀赋符合形式美法则基本规律。

即使是最低优化层级的城市景观系统要素，形式也是极其重要的。城市景观系统要素必须通过合理、和谐的形式将它们不同于一般城市要素的禀赋展示出来，这样才能引起大众的审美注意。所谓形式和谐，是指形式要首先满足最基本的形式美的一般法则。直觉层面的城市景观系统要素形式禀赋的优化重点不在于追求形式的独特性，而在于强调形式的合理性。如昆明翠湖公园旁的住宅楼(图5-3-a)，本身的形式就是普通住宅楼的形制，由于建筑形式比较统一，色彩与周围环境的关系处理较好，因此形成了比较和谐的城市景观；而图5-3-b中所示北海某片区由于各个建筑在色彩、高度、体量等方面相互没有联系，因此所形成的景观效果显得杂乱，不能给人以赏心悦目的审美感受。图5-3-a中住宅楼所表现出的良好的景观效果说明，要想营造良好的城市景观，不一定非要选用奇特的形式，但是如果不对形式进行美学上的考究，就会出现图5-3-b中的杂乱现象，破坏城市景观。而这也体现了形式禀赋在城市景观是否能够促进城市景观系统优化中的决定性作用。

(a)昆明翠湖公园旁的住宅楼

(b)北海住宅楼局部鸟瞰

图5-3

②可达—安全—舒适。

直觉层面的城市景观系统要素在具备上述程度的形式禀赋后，一般就已经具备了最基本的审美功能，但是其最突出的功能还是体现在实用方面。因为直觉层面的城市景观大多是日常生活环境的一部分，只有具有宜人的功能——如休憩、健身、场所识别等——才能吸引人们注意、停留并欣赏，而这正是产生审美意象的前提。

例如，城市公共汽车站台的发展就经历了一个由简单站牌指示到如今遮雨棚、路线智能查询、座椅、报刊亭等多种人性化功能合设的优化过程(图5-4)，在这一过程中，其形式也随之发生了巨大的改变，从而成为城市一道靓丽的风景。经济功能和教育功能在直觉层面的城市景观系统要素上体现不如高等级要素那么明显，因此并不作为它的必备功能禀赋。比如城市里大量的道路绿化植物以及各单位绿化，稍有留意的人就会发现，有的植物上会有一个挂牌，上面写着植物的中英文名称、习性等信息，这就无形中对市民起到一定的教育功能，从而能够从一定程度上唤起人们对于绿色环境的爱护之情。当然，并不是所有城市的绿化都必须如此，也并非将所有植物都增设挂牌以后其对城市环境的影响就会优化很多，因为绿化对于城市环境和城市景观优化方面的影响主要还是体现在数量、形式等方面。因此，本书不将经济功能和教育功能作为直觉层面的城市景观系统的必备要素进行讨论。

(a)传统公交站牌

(b)新型信息化公交站牌

(c)提供等候座椅的公交站

图5-4 城市公共汽车站台功能演变

（2）领悟层面的城市景观系统要素优化原理

领悟层面的城市景观系统要素是指那些在本地或者一定分区范围内具有一定影响力的城市景观。这部分城市景观对城市环境质量的优化具有重要的作用，因此也是各政府投入资源较多的城市景观。如果单从领悟层级本身的要素禀赋来进行分析，很难说哪一类禀赋是绝对重要或者突出的。一般而言，三种类型的禀赋都处于大致相当的中间层次，这给城市景观系统要素优化带来的一个难题就是找不到着手点。鉴于此，不妨从与直觉层级的城市景观系统要素优化对比中来寻找答案。

在前文的分析中，我们已经总结出直觉层次的城市景观系统要素优化重在从形式和功能两个层面着手，其中形式优化一般达到最低优化标准，功能优化主要是对其实用功能进行强调，且功能比较重要。通过对直觉层级和领悟层级各个禀赋的对比分析，本书认为相对于直觉层级的城市景观系统要素而言，领悟层级的城市景观系统要素优化从形式禀赋角度进行重点强调更能体现二者的差异性。因此，本书将领悟层级城市景观系统要素优化原理归纳为“形式禀赋涌现原理”，该原理内涵如下：

①形式禀赋的可塑性和操作弹性都是最好的，这是由不同禀赋的属性特征决定的。因为功能禀赋中除审美功能受形式影响以外，一旦城市景观本身的类型确定，其他功能可以进行提升的空间就受到很大限制；而社会人文禀赋一般取决于历史、地理等时空环境的影响，并不能为了优化人工强行赋予。

②视觉心理学实验已证实，在人接受的外部信息中，80%～90%都是通过视觉获得的。因此，可以认为形式因素对于人们读取城市景观系统要素的信息具有决定性的先导作用，从形式出发对城市景观系统要素进行优化，无疑是最快捷、最能见效的方法。

③即使不能从功能和社会价值上区分直觉层面和领悟层面的城市景观，但是二者在形式禀赋上的差异还是很明显的。领悟层面的城市景观系统要素较直觉层面的城市景观系统要素更加优化，也正是因为形式对城市景观系统要素的印象、品质起到一定的加强效果。

(3)超越层面的城市景观系统要素优化原理

城市景观系统要素禀赋是由其形式、功能、社会人文禀赋共同构成的。那么对于最高层次的城市景观——超越层面的城市景观系统要素而言，是否所有禀赋都达到较高级别以后就可以造就出高层级的城市景观呢?通过对大量知名城市景观分析，本书认为，形式、功能、社会人文禀赋都最优化并不是城市景观系统要素达到最优化的充分必要条件，而只需满足一个禀赋特征达到一定优化状态即可，这个必备的禀赋特征就是城市景观系统要素的社会人文禀赋，本书将这一条件归纳为“社会人文禀赋涌现原理”。

所谓社会人文禀赋涌现原理，是指在构成城市景观系统要素的各种禀赋中，由社会人文禀赋方面的高低决定城市景观系统要素禀赋能否带给审美主体审美超越的体验。社会人文禀赋涌现原理并不是说单一追求城市景观系统要素的社会人文禀赋的优化即可以达到要素本身的优化，而应该理解为城市景观系统要素的社会人文禀赋的优化可以带动其他方面的禀赋一起优化，从而提升要素自身的整体禀赋。在社会人文禀赋涌现原理作用下，各个禀赋之间的关系和具体内涵可以从如下方面来看：

①对于超越层面的城市景观系统要素优化而言，社会人文禀赋是最重要、最保真、最能体现城市景观系统要素禀赋的决定因素。也就是说，如果一个城市景观系统要素的优势禀赋体现在形式、功能方面，那么它在一定时间内都有被超越的可能，从而失去与其他城市景观系统要素竞争的优势。可以从与其他禀赋比较之中来看社会人文禀赋的保真性：如形式禀赋，其特色一般体现在新、奇、特等方面，但是这种基于设计师创作构思的独特性是相对于同一时期其他形式一般的要素而言的。随着时间的推移，人类伟大的创造力总会创造出更加新奇的形式。这时，一方面人们对于原本很新奇的旧事物会产生审美疲劳，另一方面又有更新奇的形式出现，城市景观系统要素既有的形式禀赋优势就会在这一次优化比选中被弱化。虽然这一次比较也许不足以完全磨灭它的审美超越能力，但是随着城市的进步，新的形式不断涌现，经过多次比选、淘汰，当我们再回首看最初的那个曾经奇特的形式，就会发现在历史的长河中它也

不过是那么普通。而对于功能禀赋，审美功能禀赋来源于形式，其优势与否取决于形式；实用功能有比较强的目的性，但其本身不能决定要素的整体禀赋优势；教育功能和经济功能都是城市景观系统要素的附属功能，而非主要功能(主要功能为审美功能)。形式和功能都是可以塑造的，但是社会文化因素往往与一定的时间、地点、意义或者重大历史事件相关联，是城市景观与所处时代、社会交织的特征，无法凭空捏造或者复制。社会人文禀赋的优势地位一旦确定，其比较优势一般而言会随着时间的推移而逐渐得到加强，而这种比较优势正是它们能够体现审美超越的重要前提。

例如佛罗伦萨主教堂在建筑史上占有重要的历史地位，是因为其史无前例的穹顶技术代表了当时最先进的社会生产力，是文艺复兴时期的报春花(图 5-5-a)；巴黎埃菲尔铁塔当时世界第一的高度以及全钢铁结构是世界工业革命的象征(图 5-5-b)。虽然在工业技术、建筑技术得到长足进步的今天，我们完全有能力建造比佛罗伦萨主教堂穹顶更大、比埃菲尔铁塔更高的建筑，但是这些城市景观并没有因此退出人们关注的视线，因为虽然这些城市景观的形式可以复制和超越，但是它们所代表的与时代信息关联的社会背景是独一无二的，这才是它们得以举世闻名、经久不衰的源泉。

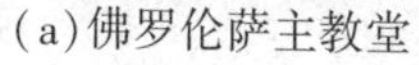

(a)佛罗伦萨主教堂

(b)埃菲尔铁塔

图 5-5 社会人文禀赋突出的城市景观

一般而言，城市标志性景观都属于超越层级的城市景观，如巴黎埃菲尔铁塔、天安门城楼及广场等。城市标志景观的历史性、时代性和文化性都和城市景观的社会人文禀赋有直接联系，这也从一个侧面说明社会人文禀赋对超越层级的城市景观具有不可估量的重要意义。纵览那些给我们留下深刻印象的城市景观，无不具有深层次的社会文化价值。因此，本书认为社会人文禀赋涌现是超越层次城市景观系统要素的必备属性。

②社会人文方面的禀赋特别突出时可以弥补要素在形式、功能禀赋方面的不足。比如被评为美国十大旅游地标之首①的自由女神像(图 5-6-a)，虽然其自身的雕塑价值远不如雅典娜、断臂的维纳斯、思想者等作品，但是由于其象征了对自由的向往，也是美国独立 100 周年的献礼，因此成为纽约以至整个美利坚的象征，在世界各国人民心中都最具知名度。又如美国费城自由钟(图 5-6-b)，重量只有 900 多公斤，材质为多重金属混合铸造，上面还有一道裂缝，本身其貌不扬，但是正是这座钟，曾为《独立宣言》的公布而鸣，曾为华盛顿的逝世而鸣。尽管这座钟现在很少再被敲响，但是它所代表的自由以及民主早已超越了这个钟本身的价值，钟声也将永远在一代又一代美国人心中回荡。也正因为如此，它被评为美国十大旅游地标之一。

又如美国纽约中央公园(图 5-6-c)，就公园本身而言，它的设计和其他很多城市公园并无多大特别之处，真正成就中央公园的很大程度上在于它存在的重要意义，正如有书评论说："也许中央公园最引人注目的既不是它的美丽，也不是它的游憩设施或独创性设计，最根本的是它的存在。它位于互不相干的混凝土和砖块的中心，因而负有调节这个巨室生活情调的重任。它是城市生活的减压阀。"可以认为，纽约中央公园的意义首先在于它对繁华都市劳碌人们心理需求的满足，在于它对城市环境的正面影响。这时，公园的形式让位于社会人文价值。再如我国天安门广场上的人民英雄纪念碑，外表并不华丽，但是其所代表的"缅怀情感"无疑大大增加了它的观赏价值和生命力。

诸如此类的例子还很多，从中我们可以总结出，虽然形式和功

① http：//www. williamlong. info/google/archives/652. html。

能直接影响着人们对于城市景观个体的价值判断，但是社会人文禀赋无疑是城市景观生命力的重要源泉。从发展的角度来看，形式和功能都会随着城市景观实体本身的老化或者社会的进步而逐渐退化，唯有其所代表的深层次社会文化价值会随着时间的流逝而更加珍贵，而这正是城市景观得以经久不衰的前提条件。

(a)自由女神像

(b)费城自由钟

(c)纽约中央公园

图 5-6　社会人文禀赋压倒形式禀赋的城市景观

③虽然社会人文方面的禀赋特别突出时可以弥补要素在形式、功能禀赋方面的不足，但是这并不代表在对城市景观系统要素进行优化设计时就可以忽视或者弱化其他方面禀赋的塑造，尤其是形式禀赋。因为如前文所述，视觉是大多数人观察事物的首选方式，也是人们获得城市景观审美特征的基础。因此，城市景观的形式禀赋特征往往成为影响人们审美判断的首要因素。形式禀赋在审美过程中的这种“优先感应”特性是引导审美主体继续进行后续审美过程

的重要因素，否则，即使要素本身具有独特的社会人文禀赋，但是如果形式禀赋无法将审美主体的思想活动导入后续审美过程，那么审美超越感也就不会发生。

5.4 城市景观系统要素优化原理的系统科学内涵

本书将城市景观系统要素视作一个由形式、功能、社会人文禀赋共同影响的“软系统”，由于受到系统特性的制约，城市景观系统要素的优化也不能简单理解为形式、功能、社会人文禀赋的简单叠加。如对于超越层级——最高层级的城市景观系统要素而言，其形式、功能、社会人文禀赋都达到顶级并不是其要素整体禀赋达到顶级的充分必要条件。换言之，形式、功能、社会人文禀赋及其之间的构成关系共同决定了城市景观系统要素禀赋。本书将直觉层面的城市景观系统要素优化原理归纳为“功能-形式禀赋涌现原理”，将领悟层面的城市景观系统要素优化原理归纳为“形式禀赋涌现原理”，将超越层面的城市景观系统要素优化原理归纳为“社会人文禀赋涌现原理”。这三个优化原理反映出，三种禀赋在不同层级的城市景观系统要素优化中所占的比重不尽相同，也就是说，对于某一特定级别的城市景观系统要素而言，整体效果的优化不等同于所有禀赋的优化，而只是有取舍地优化。这个规律从系统科学理论来看也即整体涌现原理的体现。本书结合直觉层级、领悟层级、超越层级的城市景观系统要素的具体特点，对形式、功能、社会人文禀赋在不同层级城市景观系统要素优化中的组合关系进行归纳总结，也正是运用了整体涌现原理以及前文中所分析的系统科学基础理论。

另外，对于本书中的城市景观系统要素，尤其是城市广场、城市公园与绿地、城市街道、城市滨水空间等空间型要素，不对其进行更具体的分述而仅仅从要素层面以上对城市景观系统要素的优化原理进行阐述，主要基于以下两个方面的考虑：一是从目前城市景观领域研究现状来看，用于直接指导工程建设的城市景观的设计理论与方法已取得了较为丰硕的研究成果，而从宏观系统角度揭示不同城市景观构成关系及其优化途径的研究成果相对较少，研究宏观层面的城市景观系统优化是对既有研究不足的有益补充；二是这种分析方法能体现研究工作的系统性、整体性，更加符合系统工程、城市系统以及城市景观系统趋于复杂化、巨型化的整体趋势。

5.5 小　结

城市景观系统要素是城市景观系统的功能性部件，其优化对城市景观系统优化具有决定性影响和作用，本章就城市景观系统要素优化原理进行了深入探讨。首先，本章对系统科学视角下系统要素优化的内涵、目标和方法进行阐述，紧接着对影响城市景观系统要素优化的客观属性——要素禀赋进行分析与描述，将城市景观系统要素禀赋分为形式、功能、社会人文三个方面，随后将研究视角切换到优化主体——人方面，就人对城市景观系统要素优化的审美心理及审美心理对要素优化的影响进行了阐述。在此基础上，根据系统优化整体涌现原理提出基于审美心理层次的城市景观系统要素优化原理，即直觉层面城市景观系统要素的“功能-形式禀赋涌现原理”，领悟层面城市景观系统要素的“形式禀赋涌现原理”以及超越层面城市景观系统要素的“社会人文禀赋涌现原理”。最后，对上述城市景观系统要素优化原理的系统科学内涵进行解释说明。

6　城市景观系统中观结构优化理论与方法

城市景观系统是一个由很多不同类型、不同禀赋的城市景观系统要素组成的庞大的体系，这个体系的优劣不仅与所含要素禀赋有关，也受要素之间关联关系、构成结构的影响，而这正是城市景观系统结构的重要内容。城市景观系统结构在微观、中观、宏观三个层面有不同的含义。其中微观层面的结构主要是针对城市景观系统要素本身而言，中观层面的城市景观系统结构指城市景观集群中各要素之间的构成关系。通过对中外大量优秀的城市景观集群进行分析，本书将城市景观集群的结构优化原理归纳为有序性原理、自组织与自适应原理两大类。

6.1　系统科学中的有序性原理

系统的有序性原理是系统科学中的基本原理，它的理论内涵是各类系统要素只有按照一定的规律与序列结构组合起来，它们的集合才能被称为系统，要素简单堆砌的集合并不能称为系统。由此可见，要素间有序的组织结构是系统最重要的基本属性之一。

如在工程系统中，将载人航天器系统中的各类零件、设备堆砌在一起，并不能组成飞天的航天器系统；在人文系统中，将各个词句简单堆放在一起，也不能形成诗歌系统；在科学系统中，若没有公式与模型的连接，将各种数字与字符放在一起，也不能形成有用的科学运算系统。同样在城市景观系统中，将各种城市景观元素堆积在一起也无法构成具有美感的城市景观系统，需要按照一定的结构与序列去优化城市景观系统要素间的结构关系，才能形成具有美感的城市景观系统。

虽然，所有系统中系统要素都遵循着有序性的组织原理，但由于系统之间的差异性，不同类型系统中要素有序性组织优化所遵循的规律与原则却是不一样的。在工程系统中，一般而言工程要素与设备都是依据电气、机械等工程特性组成的有序结构；在人文系统中，字、词、句等要素都是依据诗歌的格律、对仗等诗词特性来组成的有序结构；在科学系统中，数字、字符等要素都是依据算法与数据结构来组成的有序结构。同样在城市景观系统中，系统要素也是按照特定的规律来组成的城市景观有序的系统结构。

本节将重点讨论城市景观系统要素通过轴线结构和主从结构来构成有序的城市景观系统，并将城市景观系统要素依据此原则构成景观系统的方式称作轴线原理和主从原理。

6.1.1 轴线原理与优化模式

(1)轴线原理

顾名思义，所谓轴线原理就是通过轴线将特定城市景观系统要素(空间)联系起来，使其在地域空间上(或者人的头脑意象中)呈现一种线状关联关系。轴线的具体形式有道路、一些建筑围合形成的线状空间、人的视线以及规律化的行为路线等。轴线有时候表现为可见的物质空间或实体，有时候是由两个城市景观系统要素在视域上确定的一种视线对景关系。轴线具有深度感和方向感，轴线的终端指引着方向，轴线及其周边环境在平面与立面上的轮廓决定了轴线的空间领域。轴线同时也是构成形式对称的重要因素，根据优化需要，轴线也可以衍生出辅助轴线，丰富空间体系，以此来克服自身单调、不易于产生放松、令人愉快的审美体验。

在一个既有布局中加轴线可以建立新的景观空间秩序和规则，对布局中的城市景观系统要素有强烈的控制、连接、整合作用。城市景观系统要素位于轴线的节点或者两侧，与轴线发生联系，轴线增强了城市景观系统要素的空间整合效果，使城市景观系统要素系统化；城市景观系统要素的点缀又使原本均衡的轴线有了起始、转折、高潮、终点的变化，轴线与城市景观系统要素之间的这种相互影响和作用呈正向相关性。

与轴线发生关联的城市景观系统要素在景观空间中所起的作用是不同的。位于起点、终点、折点、中心等重要节点上的城市景观系统要素是空间的重点，而处于轴线两侧以围合轴线的城市景观系统要素则属于从属地位，其个体的特征会被人们无意"忽略"。这就好比一棵形态较好的孤植乔木，人们会仔细欣赏其枝干形态、树叶、外形轮廓等细部，但是如果它和若干类似的树木与一条显著的轴线关联，人们就只能从大背景下的每一棵树木一掠而过(图 6-1)。在处理与轴线关联的城市景观系统要素时要认识到这一点，避免主次不分、喧宾夺主，否则会破坏轴线的整合效果。

(a)孤植树

(b)轴线中的树

图 6-1

轴线不一定表现为直线形式，在特定城市景观集群中也表现为折线、曲线等形式。如北京奥林匹克公园除采用一条直线作为中轴线以外，还利用一条水系曲线轴线来联系园区内的功能片区(图 6-2)。直轴线虽然较生硬，但表现效果很强烈，容易营造出有序的空间景观效果，尤其适用于主题比较庄严、肃穆的城市景观集群中。曲线的表现效果则柔和、平易近人，比较适合于有山、水等自然要素和主题活泼的城市景观集群。

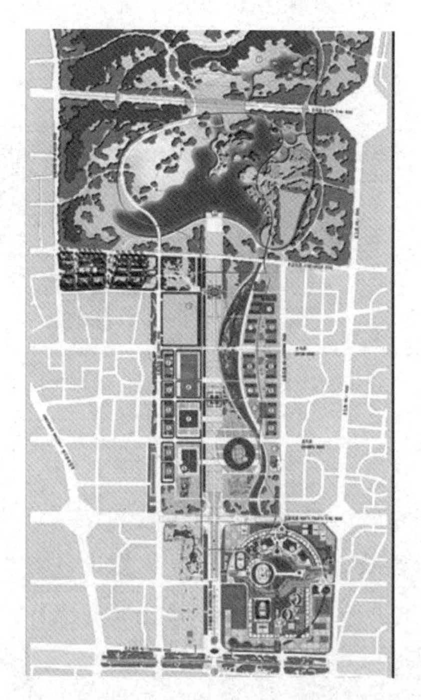

图 6-2　北京奥林匹克公园

(2)轴线优化模式

轴线关联包括直轴线和曲线两类，由于曲线的运用一般依赖于特定的自然要素，千变万化，很难从一般性角度对其表现形式进行归纳，因此本书主要对直轴线的优化表现形式进行分析和总结。本书认为直轴线可以分为一字轴、十字轴、放射轴三种最基本的形式。

①一字轴线。

一字轴是由在同一条直线上的若干城市景观系统要素组成(图 6-3-a)，或者由若干城市景观系统要素排列围合而形成的线状景观轴线(图 6-3-b)。一字轴形态的城市景观集群一般具有轴线对称的特点。一字轴线是一种最基本的城市景观系统要素关联方式，其他轴线形态都是由此演变而来的。一字轴线虽然简单，但是其表现效果最庄严、正式，国内外很多著名的行政空间、陵园、宫苑都采用了这种表现形式。

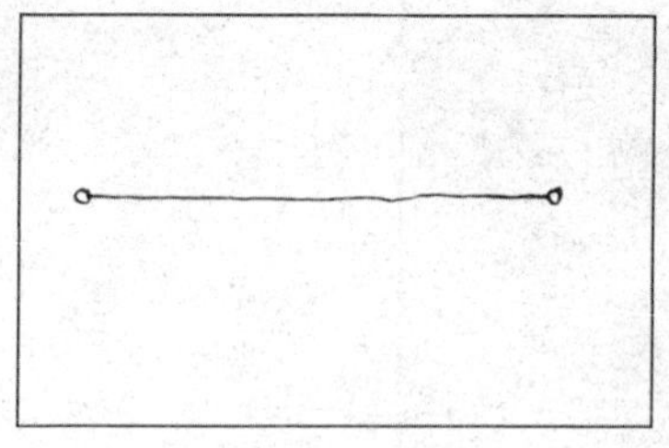

(a)一字轴表现形式示意图

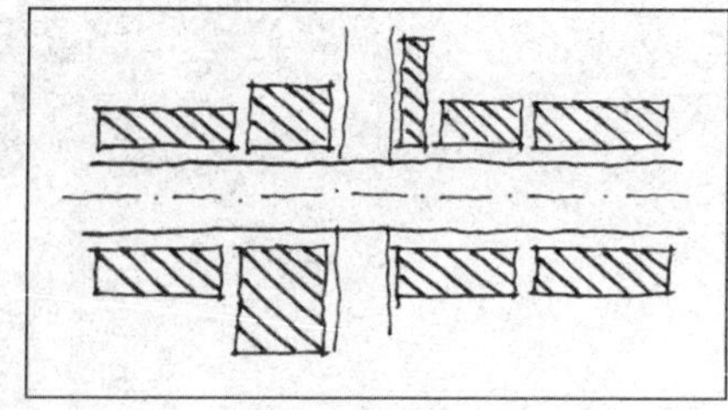

(b)一字轴平面形态示意图

图 6-3

如法国巴黎在城市景观中观以至宏观结构优化设计中就充分利用轴线来组织各城市空间。图 6-4 示意的就是巴黎中心区最著名的城市景观香榭丽舍大街以及由这一轴线所统领的各城市景观系统要素所形成的城市景观群体。这个城市景观群体由东向西依次由卢浮宫、卡鲁泽勒广场、蒂伊尔里花园、协和广场、戴高乐广场、波泰马约广场等空间序列组成，其中卢浮宫前的玻璃金字塔入口、协和广场上的埃及方尖碑以及戴高乐广场中心的凯旋门都是世界闻名的标志性城市景观。在这一景观轴线中，每一个城市景观系统要素都与主轴线密切结合，共同形成一个空间序列的高潮。北京故宫建筑群以及天安门广场、毛主席纪念堂等就是通过一条南北轴线串联(图 6-5)。法国凡尔赛宫花园也是在一条轴线空间上。

②十字轴线。

十字轴可以大大丰富一字轴的空间秩序，其表现形态如图 6-6 所示。

十字轴线在很多著名城市景观中都有体现。如华盛顿中心区景观就是以一个十字轴作为骨架的(图 6-7)。它的东西向轴线由林肯纪念堂和国会大厦两个景观节点确定，南北向轴线由白宫和杰弗逊纪念堂确定，在两条轴向的交会处屹立着华盛顿纪念碑。又如凡尔赛宫花园里的人工大运河也采用十字轴线，不仅延续了凡尔赛宫苑的轴线关系，也丰富了花园部分的视觉层次。

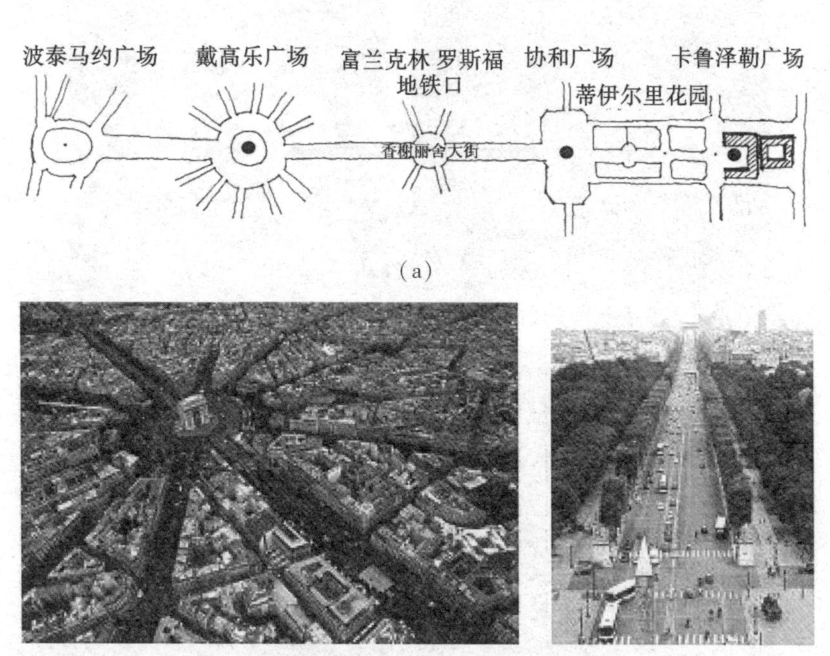

(a)

(b)戴高乐广场鸟瞰　　(c)香榭丽舍大街鸟瞰

(d)协和广场上的埃及方尖碑　　(e)卢浮宫及玻璃金字塔入口

图 6-4　香榭丽舍大街景观轴线

(a)南京雨花台烈士陵园中轴线　　(b)南京雨花台烈士陵园鸟瞰

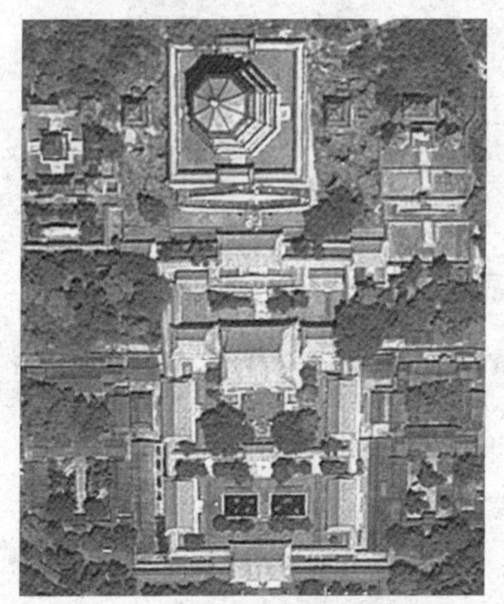

(c)佛香阁建筑群轴线空间

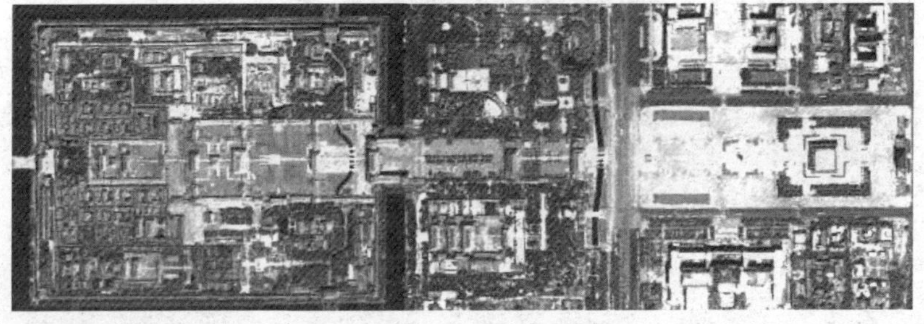

(d)故宫建筑群及其与天安门、人民英雄纪念碑、毛主席纪念堂所组成的轴线空间

图 6-5　一字轴城市景观集群

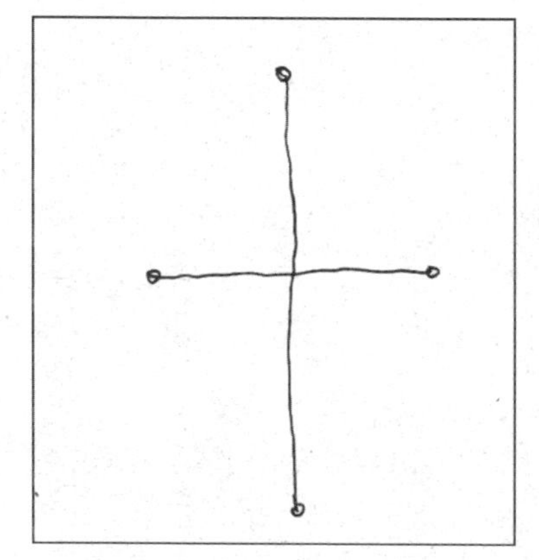

(a)一字轴表现形式示意图

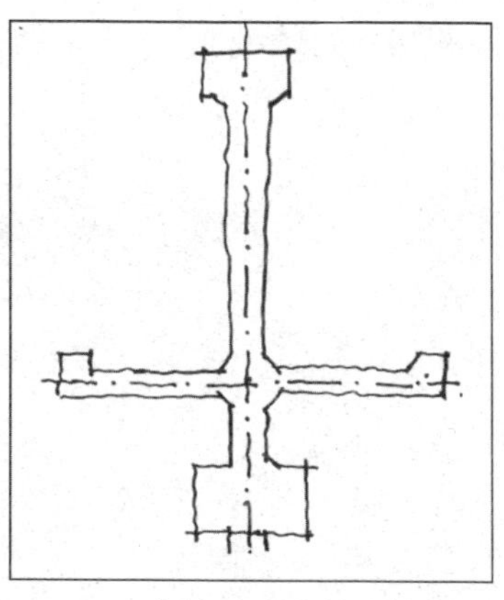

(b)一字轴平面形态示意图

图 6-6

(a)凡尔赛宫花园十字形人工运河

(b)华盛顿中心区十字形布局结构

图 6-7　十字轴城市景观集群

③放射轴线。

放射轴线是指由一个端点延伸出去多条轴线，有扇形放射(图 6-8-a)和环形放射(图 6-8-b)两种表现形式。

如凡尔赛宫前三条放射状大道更加烘托了凡尔赛宫的磅礴气势(图 6-9-a、图 6-9-b)。罗马著名广场波波洛广场前三条放射状街道也将本身尺度并不大的广场空间延伸到更远的城市肌理中去(图 6-9-c、图 6-9-d)。又如之前列举的华盛顿中心区，除十字主轴以外，还有很多放射状轴线，从而更加增强了这一景观集群的空间秩序。

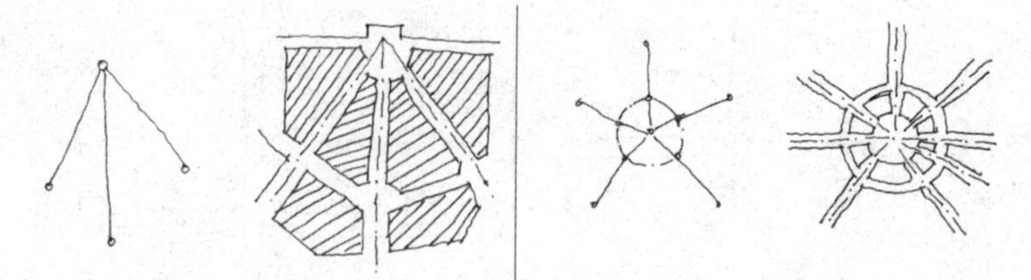

(a)扇形放射轴表现形式示意　　(b)环形放射轴平面形态示意

图 6-8

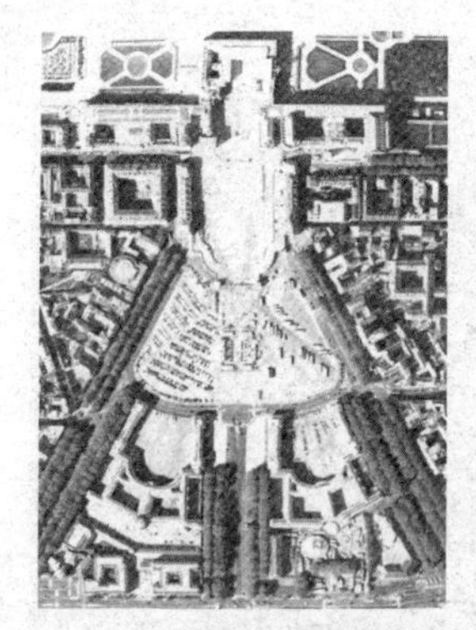

(a)凡尔赛宫放射轴线平面

(b)凡尔赛宫放射轴线鸟瞰

(c)波波洛广场轴线平面

(d)从波波洛广场看三条放射轴线

图 6-9　放射轴城市景观集群

在实际运用中，一字轴、十字轴、放射轴往往并不是单独存在的，而是交叉存在的。由图 6-10 描绘的教皇西斯塔五世的罗马规划简图中可以看出，整个城市的景观系统存在清晰的轴线关系，而仔细分析也可以看出，上文所归纳的三种轴线关系基本涵盖了罗马城的景观体系的组织方式。

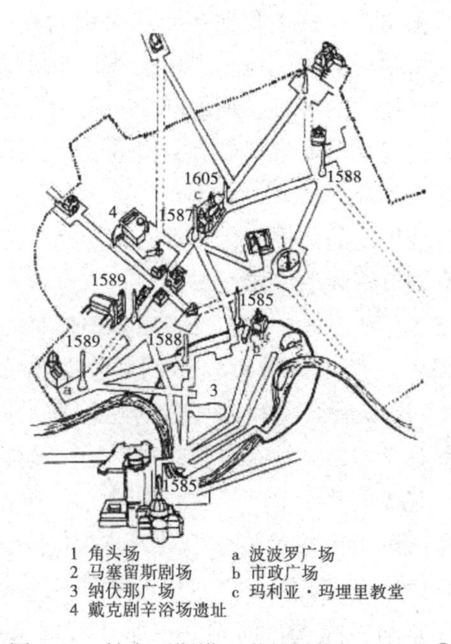

图 6-10　教皇西斯塔五世的罗马规划简图①

还需要指出的是，在十字轴、放射轴等多条轴线形态优化时还需要注意主次问题，也就是说，轴线也是有主次之分的，这样方能更加有序地统筹城市景观系统要素，这与接下来要分析的主从关联原理是相辅相成的。

---

① 陈烨. 城市景观的生成与转换——以结构主义与后结构主义视角研究城市景观[D]. 东南大学，2004：44.

6.1.2 主从原理与优化模式

(1)主从原理

主从关系主要是针对城市空间环境中的建筑物、桥梁、塔楼等重要城市景观系统要素而言的，因为它们是构成城市群体景观的最主要的实体要素。顾名思义，“主从”意味着有的建筑、构筑物是这一群体景观的主角，这些主角明显更重要或者在视觉上更突出，其他建筑、构筑物则是从属配角。主从关系是城市景观集群建立秩序的前提，在一个优化的城市景观集群中，假如所有城市景观系统要素平均化，又或者每个要素都要有突出的表现，那么城市景观集群就会失去整体感和统一性。

对于城市景观集群的结构优化而言，人们常常走入的误区就是将集群中的每个城市景观系统要素平均地、重点地对待，认为每个要素都达到满意优化状态后，城市景观集群整体就一定能够得到较好的效果。伊利尔·沙里宁曾就这个问题做过一个假设，他说：“如果把建筑史中许多最漂亮和最著名的建筑物，重新修建起来，放在同一条街道上，如果只是靠漂亮的建筑物，就能组成美丽的街景，那么这条街道将是世界上最美丽的街道了。可是，实际上却绝不是这样，因为这条街将成为许多互不相关的房屋所组成的大杂烩。如果许多最有名的音乐家在同一时间内演奏最动听的音乐——各自用不同的音调和旋律进行演奏——那么其效果将跟上面的一样，我们听到的不是音乐，而是许多杂音。”①这是因为对于城市景观集群来说，其与单体城市景观的最大不同就是其审美意象体现在城市景观系统要素与空间的整体表现效果方面，而不仅仅是城市景观系统要素个体的表现。沙里宁的这个假设说明了主次关系对于城市景观集群优化的重要意义，也告诉我们为了避免出现上述“大杂烩”现象，就要注意分配好各个城市景观系统要素的主次关系，这样，主要城市景观系统要素的特色才会更加突出，整个景观集群的

---

① 伊利尔·沙里宁．城市——它的发展、衰败与未来[M]．顾启源，译．北京：中国建筑工业出版社，1968：46.

表现效果才会更加有序、系统。

(2)主从优化模式

仍然以上文所归纳的四种典型轴线联系的表示形式来说明主从原理。如图 6-11、图 6-12 所示，点表示与轴线发生关联的城市景观系统要素。在图 6-11 中，每一种表现形式中质点是完全相同、均等的，不符合主从关系原理的表现形式。图 6-12 中，城市景观系统要素就有明显的主次、重点区分，表示的是主从关系原理的表现形式。对于十字轴而言，主要城市景观系统要素一般位于主要轴线的端点或者两条轴线焦点上(图 6-12-b)，对于放射轴，主要城市景观系统要素一般位于轴线汇集点上(图 6-12-c、6-12-d)。

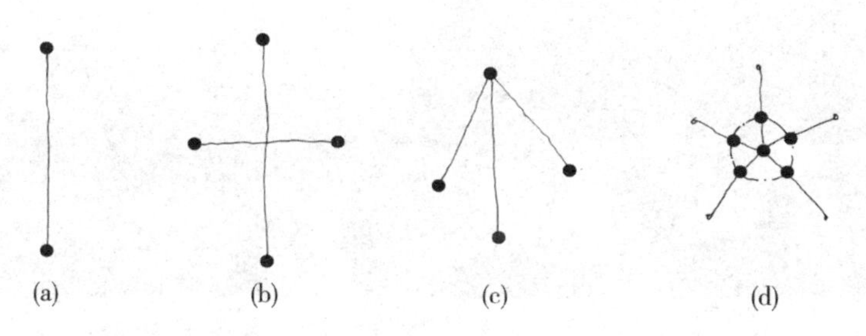

图 6-11　城市景观系统要素平均分布

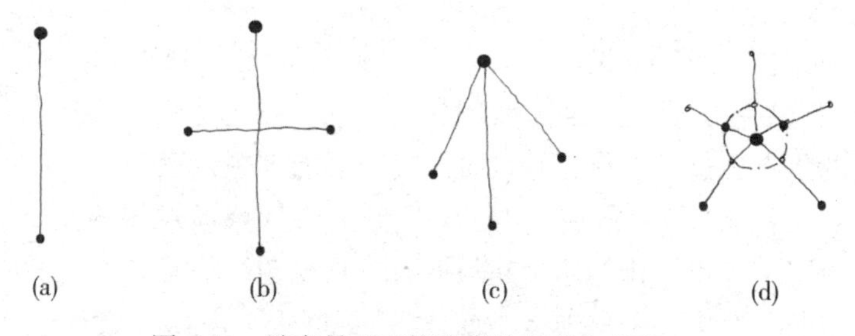

图 6-12　城市景观系统要素分布有主有次

主从优化的关键在于确定突出主要景观的方法。从空间处理上来看，突出主要景观的方法一般有：主要景观升高，成为轴线端点，成为构图的几何中心或者重心。

①主要景观升高。一是主要景观本身在形式上向高处延伸，二

是利用地形来抬高景观以吸引人的注意。如威尼斯圣马可广场上的钟楼，其位置不在主次广场轴线的交点上，平面体量没有圣马可教堂庞大，建筑形式也不及圣马可教堂华丽，但是它利用自身100米的高度成为该景观空间的视线焦点和景观领袖(图6-13-a)。又如北京颐和园的昆明湖湖面宽广，在这样一个庞大的空间中如果仅仅是通过位于轴线重要位置来突出主景是非常困难的，于是佛香阁巧妙借助万寿山的地形优势，再配合自身庞大的体量优势，从而从众多景观建筑中脱颖而出，成为这一景观空间中绝对的主要景观节点(图6-13-b)。

(a)威尼斯圣马可广场　　(b)北京颐和园佛香阁

图6-13

②在轴线端点设置主要景观。轴线具有引导视线的作用，轴线的端点——尤其是多条轴线的交会处——往往是一个景观环境中视线的焦点，这个焦点也是设置主要景观的理想位置。那么轴线其他端点就自然成为“从属”位置，并与主要景观通过轴线形成对景。如道路交叉口安排标志性建筑或者景观雕塑往往能突出该景观在这一空间环境中的主体地位。如华盛顿中心区华盛顿纪念碑、罗马波波洛广场及广场中央的方尖碑、凡尔赛宫殿等都是位于轴线的端点或者交点处。

③在构图的几何中心或者中心设置主要景观。如在广场中央设置喷泉、雕塑等城市景观系统要素。

6.2　系统科学中的自组织与自适应原理

自组织、自适应原理是系统科学中的重要原理，它的基本内涵是指系统在长期的演化过程中通过与环境的交互，系统内部要素间彼此交流与系统结构逐渐变化而形成的既与外界环境相协调，且内部系统要素也能和谐相处的一种较优的系统状态。

系统的自组织、自适应理论最早出现在19世纪中叶，达尔文的进化论理论就是自组织、自适应理论在生物系统中的体现。生物系统中的各种生物要素和生物间的彼此关系，在漫长的时间演化过程中，在不断适应环境的同时，也在不断地进行着彼此间的调节与适应，逐步形成了当前世界的生物系统。

从20世纪中叶开始，有越来越多的系统科学家投入到自组织、自适应理论的研究中来，提出的理论主要包括耗散结构论、协同学与超循环理论。虽然研究学者采用的研究视角、提出的研究理论都有所差异，但是他们大多认为系统的自组织、自适应理论的核心是系统中各类元素在与外界环境、人等交互的过程中，通过相互作用而形成一种较优的系统状态。

6.2.1　肌理原理

在城市景观系统中也存在着大量的系统自组织、自适应的现象，本书将城市景观系统中的这种自组织、自适应原理称为肌理原理。肌理关联是一种与轴线关联截然不同的城市景观集群结构类型。为了更加直观地展示二者的不同，不妨先比较如图6-14所示的几张图片。

在以上图片所展示的城市景观中，景观集群的空间结构并不存在明显的类似轴线连接原理所描述的轴线关系，但是各城市景观系统要素组织井然有序，仍不失为一种满意优化的城市景观结构。这些城市景观集群的空间结构都表现出一种手绘图的流畅感和随意感，虽然每个建筑要素都普普通通，但是形式、风格都比较统一，排列组合方式达到了整体统一，形成类似自然生物生长出来的特有肌理。本书将具有这些特点的城市景观结构的优化原理归纳为“肌理原理”。

(a)布拉格俯视　　(b)布拉格建筑景观

(c)雅典古城俯视　　(d)雅典古城景观

(e)上海周庄古镇局部俯视　　(f)上海周庄古镇街景

图 6-14　城市景观肌理

从景观规划角度来看，肌理关联理论可以看做城市设计领域两大经典理论——图底理论和场所理论的结合。图底理论重在强调建筑实体与空间虚体的关系，而场所理论的本质在于对物质空间人文特色的理解和把握。肌理关联理论在空间形式组织上遵循图底理论，追求建筑实体的连续肌理以及空间的灵活流动肌理；在空间组织的目标上则偏向于场所理论，也即在物质空间和文化环境之间寻求满足使用者需要和愿望的合适方案。而这两点也正是肌理关联理论的核心所在。

一个地区的肌理对观察视角的要求比较特殊，一般只有从高处或者空中方能整体浏览。在这一点上，城市景观肌理与前文轴线原理所涉及的街道、廊道、视线等景观轴线以及主从原理所强调的建筑、构筑物等城市景观单体(节点)等人们正常视野范围内所能观察到的城市景观系统要素有很大不同。但是，城市肌理——尤其是在地域上与重要城市景观节点、轴线直接关联的那部分城市的肌理——对单体城市景观系统要素和城市景观集群的优化具有重要意义。因为从系统的角度来看，如果将单体城市景观和城市景观集群当做一个独立研究对象，城市肌理也即这些城市景观系统要素所处的物质空间环境。

6.2.2 肌理优化模式

虽然最初的肌理源自城市景观系统的自组织、自适应后的表现形态，但是随着人类活动对城市景观系统影响的加剧以及城市化进程的推进，如图 6-14 中所示的这种原汁原味的自组织形态在现代城市景观格局中已经越来越少见，取而代之的是人工模仿系统自组织肌理而形成的现代城市景观格局。在城市规划领域，方格网和环形加放射网状道路系统一直经久不衰，被一代又一代规划设计师所采用，这直接奠定了网络状城市格局的根基。这种网络状的城市格局又最终影响了宏观层面的城市景观肌理。因此，本书将城市景观肌理优化模式归纳为“网络式”。这里，“网络”是相对于网络中间被功能和建筑填充的那部分实体而言的，“网络”本身即指道路上无物质实体的空间形态特征。

根据组成关系的不同，网络有多种表现形态和划分方法。如按照组成的规则程度，可以将网络划分为规则网络和不规则网络，规则网络比较常见于有计划地规划建设而形成的城市景观环境中，而不规则网络则多是自发生长而成。如果按照组成的完整程度，可以将网络划分为完整网络和不完整网络。如按照组成的形态特征，可以将网络划分为方格网、环网、多边形网等多种形式。而实际生活中的网络很少表现为单一形态(规划除外)，而是由以上多种类型的网络相互组合、拼贴而成。也正是如此，才形成了千变万化的城市景观格局。

虽然不同形式的网络形态构成了城市景观格局，但是，网络形态并不是网络肌理优劣的决定因素，只有两种网络特征对网络肌理优化有决定性影响，即网络本身的线宽和网络间距，下面分别进行分析。

(1)网络的线宽

网络的线宽也即界定网络边界的建筑实体之间的空间距离，在数值上也即城市街道的红线宽度与街道两边建筑后退红线距离之和。由于城市景观是三维空间，而如果仅看网络线宽是二维平面的，因此对网络线宽与其建筑界面整体研究才具有意义。

网络的线宽与建筑界面的高度共同决定了人在网络空间中的观察体验。我们可以从建筑物之间的距离(D)与建筑高度(H)的比例关系来分析人的空间感受。当 D/H 值小于 1 时，空间有明显的封闭围合感，并使人感到压抑；当 D/H 值约为 1 时，空间有明显的封闭围合、内向安定性质，但又不至于压抑，周围建筑具有密切的亲和联系；当 D/H 值约为 2 时，空间仍有内向围合感，周围的建筑仍保持联系；当 D/H 值约为 3 时，周围的建筑联系薄弱，不对空间产生限定作用，空间的围合感消失。由此可知，比较好的网络线宽(D)与建筑高度(H)的关系为：$D/H<2$。例如，巴塞罗那街道宽度 20 米，建筑高度控制在 20.75 米，$D/H=1$，这也是巴塞罗那城市肌理的“黄金方块”得以凸显的重要措施；巴黎也严格限定沿街建筑不能超过马路宽度。

随着城市人口的增多，人地关系日益紧张，为体现土地资源的集约利用，高层建筑逐渐兴起，如果还按照上述比值进行限定显然是不合适的。这时，就要对建筑界面形式作相应处理，减轻高层建筑对空间的压迫感，调整人的视觉、心理感受。有研究表明，根据人眼的视角范围，当退台建筑的剖面斜线和视觉控制法线相叠合时，人们对于建筑的感受便是开始退台的那一层的檐口，而不是实际看到的屋顶轮廓线了。此外，有的城市在实际建设中，也采取分

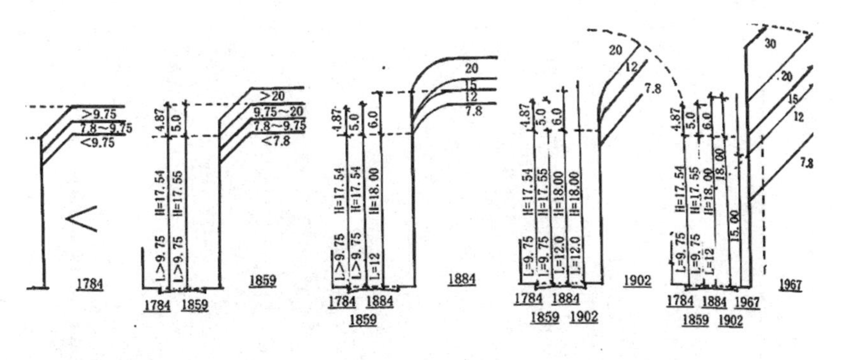

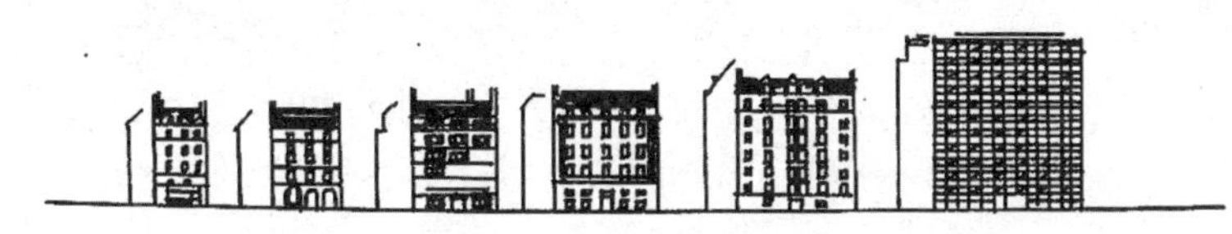

图 6-15　巴黎对街道 D/H 值的控制措施变迁

（图片来源：《城市空间设计》）

段控制的方式来限定建筑界面与网路面宽的关系。如深圳市将建筑高度划分为街墙高度和总高度（图 6-16），街墙高度可以参照一般 D/H 值进行控制，总高度则根据城市立体空间景观形态要求进行控制，这样既保证了街道空间的开敞性，也顺应了高层建筑的发展趋势。①

(2)关于网络间距的分析与研究

如前文所述，网络有多种表现形态和划分方法，对于形态各异的各种网络，尤其是不完整、不规整的网络来说，其网络间距很难在统一尺度上进行比较，只有当网络形态都趋于规整多边形（如方格网、长方形、三角形、菱形、六边形等）时，才便于横向比较分析。结合本书网络的含义可知，网络在某种程度上也即城市道路网络，还包括建筑实体以外的广场、绿地等开敞空间。因此本书选择最具代表性的城市道路网络形态之一——方格网络来对城市景观肌

① 赵新意．街道界面控制性设计研究[D]．重庆：重庆大学，2005：67.

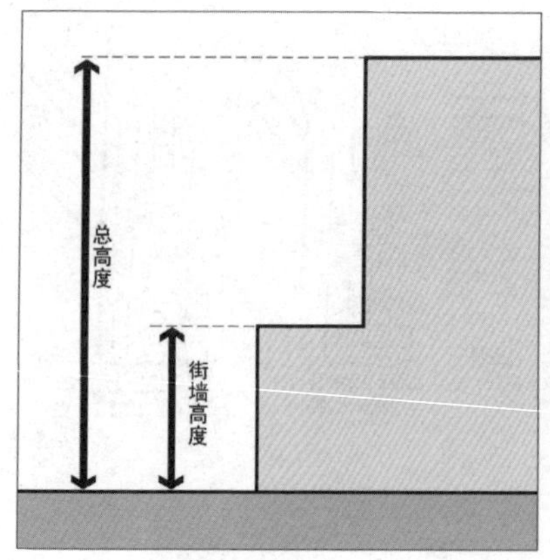

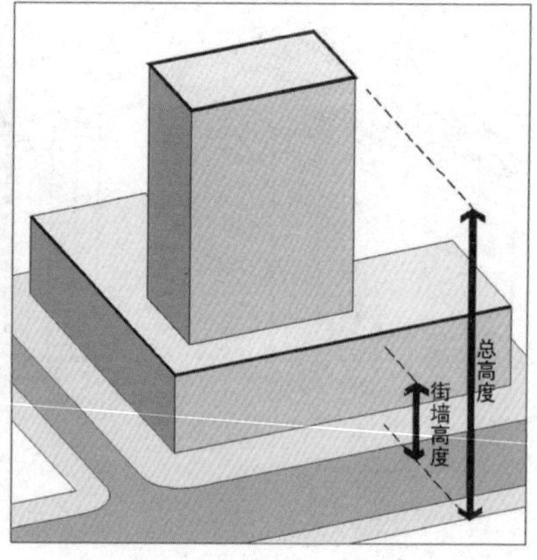

图 6-16 深圳市对建筑界面控制的细分
（图片来源：《深圳市城市设计标准与准则》）

理网络间距进行分析。

本研究选取国内外一些城市景观肌理格局比较好的城市为案例，对其街坊网络间距进行比较，得出表 6-1。

表 6-1 **城市景观街坊网络间距比较**

区域	城市	街坊尺度	图片示意
欧洲	巴塞罗那（西班牙）	街坊边长 113 米	
	罗马（意大利）	街坊边长不完全规整，从 50 米到 80 米不等	

续表

区域	城市	街坊尺度	图片示意
欧洲	都灵（意大利）	街坊边长约为 80 米	
	特里尔（德国）	街坊边长约为 150 米	
	卡尔卡松（法国）	街坊边长 60~80 米	
美国	旧金山	街坊边长 100 ~ 150 米	
	纽约	街坊短边长约 60 米，长边长约 120 米	

续表

区域	城市	街坊尺度	图片示意
美国	华盛顿	街坊边长 80~150 米	
	休斯敦	街坊边长 60 米	
	洛杉矶	街坊短边长约 100 米，长边长约 180 米	
中国	北京	城市道路形成边长至少 500 米的地块	
	西安	城市道路形成边长至少 500 米的地块	

续表

区域	城市	街坊尺度	图片示意
中国	武汉	汉口租界地区，街坊边长约为 150 米	
	一般城市新区	一般城市新区，街坊边长 300~1000 米	

（说明：街坊边长数据均来自 Google 地球距离测量，与实际街坊尺度可能有少量误差。）

经过分析可知，欧美城市道路网络间距大多在 60~120 米，最多不超过 200 米，而我国城市道路网络间距普遍在 500~1000 米，是欧美城市的 5~10 倍。由此形成的不同的城市景观格局也是显而易见的。欧美密集的网络是稳定的，不能轻易被加密、改变，道路与建筑空间的组合关系比较容易被界定，从而形成统一有序的景观格局；而大尺度的网络组织对中间空间的定义较弱，提供了继续划分空间的可能，而这种划分就会导致街坊内部景观肌理千差万别，从而破坏街坊肌理美感。

综上所述，本研究认为给适合的景观肌理的网络间距定一个准确的数值是很困难的，也是不现实的，但是从上述对比分析中可以得出一个合理的范围。我国目前普遍采用的 500 米距离为优化间距的上限，考虑到过于密集的道路交叉口也会带来交通上的困扰，建议优化间距下限在 300 米左右比较合理。另外，城市新区和历史街区也应区别对待，历史街区街坊网络间距要比一般城市新区小为宜，建议优化间距在 200 米左右及以下，具体根据不同建筑风格、地理条件予以灵活调整。

7 城市景观系统宏观结构优化理论与方法

7.1 宏观结构描述与抽象

微观、中观层面的结构都属于城市景观物质形态层面的结构关系，城市景观系统的内涵是指一个城市的所有城市景观所组成的体系。根据这个理解，宏观层面的城市景观系统结构也就是这个体系的结构。与微观、中观层面的结构关系相比，宏观层面的城市景观系统结构要抽象得多。为了便于理解，本书将城市景观单体以及那些具备整体审美意象的城市景观场所作为不区分大小的实心体看待，并将这些实心体抽象为“城市景观质点”，将城市景观系统看做这些质点在城市地域范围内的集合。从系统整体性来说，宏观层面的城市景观系统结构主要是指一个城市景观系统中所有“城市景观质点”的关联方式在宏观聚集后所表现出来的特征。城市景观质点结构可以分为空间结构和等级结构两个方面来分析。

空间结构是指城市景观质点在城市地域空间上的分布特征。由于已经对点进行了抽象，因此这种分布特征是一种二维空间上的。从城市规划角度来看，城市景观质点的分布特征与城市空间结构尤其是道路网结构、山水格局有着十分密切的关系。城市景观质点的空间结构优化与城市结构、路网结构的优化密切关联。可以认为，良好的城市景观质点体系是建立在优化的城市空间结构、城市路网结构基础之上的。如华盛顿方格网+对角线的空间结构模式营造了庄严、大气、有序的城市景观空间格局，堪培拉八角形与放射轴线的空间结构塑造了其优雅、大气的城市景观格局等(图 7-1)。但是，城市景观质点结构与城市空间结构或者路网结构又有着本质上的区别，城市空间结构取决于城市整体形态以及主要道路、水系、山体对整体形态的分割，是一种面被线分隔的结构关系，路网结构则是一种线线交叉组合的网络关系，而城市景观质点结构则是点与点构成的网络关系。由于不同城市的地理环境、景观分布并不会雷同，因此很难从这种形态特征上总结出一些类似于城市空间发展模式或者路网结构等普适性的结构特征。

(a)华盛顿鸟瞰

(b)堪培拉鸟瞰

图 7-1

要理解“城市景观质点”的等级结构，不妨先回顾一下前文对城市景观系统等级特性的分析。在前文中已经指出，城市景观系统的等级特性可以从两个层面来理解。一是每个城市景观单体对象或者城市景观群体对象在景观禀赋的优良程度上所表现出来的特性，即“某城市景观的禀赋如何”；二是某一城市景观系统内部的各个城市景观系统要素禀赋的等级分布和表现特征，即“某城市景观系统内部各城市景观系统要素禀赋的级别的关系是怎样的”。这里，“城市景观系统要素禀赋的级别关系”即城市景观质点的等级结构。

7.2　系统科学视角下的系统涌现优化

由系统科学中的层次原理、整体原理与涌现理论可以知道，系统是由种类繁多的各种基本要素，按照复杂的结构组合而成的，要素通过这种复杂的结构关系互相作用后，涌现出系统特定的整体特性。

本书前面的章节已经对系统中的要素优化、结构优化进行了讨论，本章将重点讨论如何在要素优化与结构优化的基础上，通过整合局部，涌现出系统更优的整体特性，实现系统整体的优化，达到“1+1>2”的效果。

系统科学涌现理论指出，系统中涌现现象的出现有三个必要条件：其一是系统要素的异质性；其二是系统要素的规模效应；其三是系统的层次效应。

系统要素的异质性指的是系统必须是由多种类型的要素组成，才有可能涌现出“1+1>2”的系统整体效果。若是同类型的要素组成的系统，只是简单还原论的系统，实现的是“1+1=2”的系统整体效果。

系统要素的规模效应指的是系统必须由一定数量的要素组成，才有可能涌现出“1+1>2”的系统整体效果。当系统中要素数量过少时，要素间的关联关系过于简单，系统主要表现为微观的特性，而无法凸显出宏观的整体特性。

系统的层次效应指的是，在结构复杂的复杂系统中，系统要素间互相作用后形成的复杂系统的涌现效果不是一次实现的，而是通过每个层次逐步实现的。复杂系统中每上升一个层次，就有可能出现新的涌现现象。层次效应反映的是系统通过整合、组织而产生整体涌现性所经历的过程。下面结合其在城市景观系统中的具体表现形态分别予以论述。

本节将依据系统涌现优化的三个原理，结合城市景观系统的特点，从宏观结构优化的角度提出非均质原理、簇群原理、等级层次原理，来实现城市景观系统中“1+1>2”的整体涌现优化。

7.2.1　宏观结构优化原理——非均质原理

“均质”与“非均质”本是用以描述一个物体的某项物理或化学性能（如密度、弹性、折射率等）在本身不同方向上表现出一定程

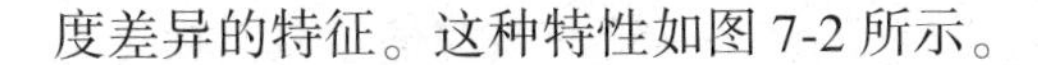
度差异的特征。这种特性如图 7-2 所示。

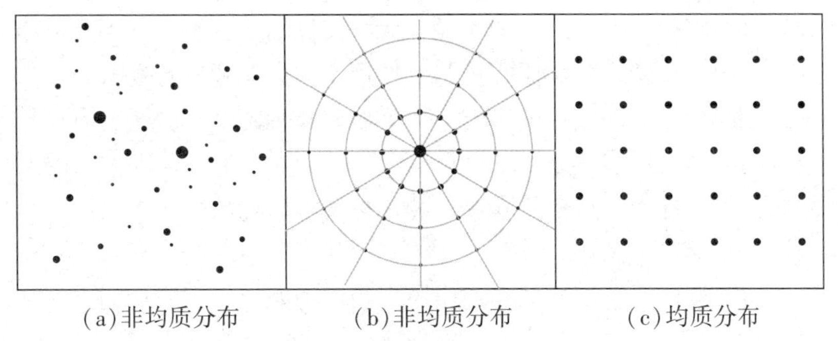

(a)非均质分布　　(b)非均质分布　　(c)均质分布

图 7-2　均质现象与非均质现象示意

张京祥在其对城镇群体空间发展的研究中曾指出：“由于土地竞争的出现及持续加强，不同要素的区位分布形成明显的分离性，导致城镇空间结构的一般形式由早期的‘均质点状’向‘镶嵌式面状’演化。……伯吉斯的同心圆模式、霍伊特的扇形模式、哈里斯和乌尔曼的多核心模式，以及 20 世纪 60 年代阿隆索的土地利用分区模式等，总体上反映了人们对于城镇空间结构增长非均质性特征的一个逐步认识的过程。”①笔者认为，该结论对于区域城镇体系分布、城镇群空间分布以及城市空间结构模式具有普遍适用的意义。比如对于某城市内部而言，其建筑容量、车流量、人流活动、绿地率等空间要素并不是均质分布的，而正是这种非均质性才使得城市有了中心和边缘的区分。

城市景观是人类改造自身环境的社会活动在城市地域空间的烙印，其与城市空间要素休戚相关。这种相关性有时候与城市空间结构的分布规律有相似相通之处。比如以某单中心同心圆结构城市为例，其从城市中心往郊区的建筑容量、车流量、人流活动等要素一般都呈圈层递减规律，而与之对应的城市景观的分布也有可能呈现相同的规律：越靠近城市中心，城市景观的分布越密集，城市景观

① 张京祥．城镇群体空间组合[M]．南京：东南大学出版社，2000：84.

的禀赋一般也越高。但是这种规律并不是绝对对应的，有时候城市景观的分布会因为地理资源禀赋的分布而不受上述规律的限制。比如知名度较高的北京八达岭长城、武汉东湖风景区等，并不是分布在城市中心位置上。本研究认为，城市空间的非均质特性对城市景观的空间分布有决定性的影响，但是城市景观的空间分布有时比城市空间的非均质性更加"非均质化"。这种看似没有规律可循的非均质分布特性正是城市景观系统的一种稳定结构特性，本书称之为"非均质原理"。

城市景观系统结构的非均质原理描述了城市景观质点的空间结构特性，可以从以下两个方面来理解：

①城市景观质点分布具有明显的非均质性。

②城市景观质点禀赋在空间上的分布是异质的。这里，城市景观质点禀赋的异质性即表现出明显的系统特性，是城市景观系统整体涌现的重要条件。

城市景观质点非均质分布的直接原因是，城市景观质点是城市景观系统要素在城市地理空间上的缩影，其依附于城市地理空间而存在，而城市地理空间是非均质的，所以城市景观质点的分布也随之呈现出非均质的特性。

城市景观质点禀赋异质分布是因为它受到地理因素、人工因素、历史因素等多种因素的共同影响。如对于湖泊、山体等自然类城市景观质点而言，其禀赋特征取决于自然分布在城市地域空间上的自然要素，而且如果要对这些自然要素进行改造以使其能同质或均质分布在城市中，所付出的代价往往是巨大的、得不偿失的。对于建筑、城市广场、城市街道等人为因素主导的城市景观质点而言，虽然可以对其禀赋特征进行均质化、理想状态的人工规划，但是这样千篇一律的城市景观并不能满足人们的审美需求。人们对城市景观禀赋的认知、接受到喜爱的心理过程是建立在多元、差异、新奇等心理感知基础之上的，如果城市景观质点禀赋千篇一律，那么也就不能引起大众的共鸣。

可以认为，多样性、同类相斥性、异类共存性是一个城市特色结构的稳定状态。图 7-3 描述的是城市特色结构随城市审美特征类型的发展变化按照如上规律解构与重构的过程。原有城市特色结构在增加新的审美特征后的发展态势取决于新增审美特征类型与原有结构中的特色类型是否雷同。如雷同，则该审美特征类型会由于同类相斥性而消失；如不同，则新增审美特征类型由于异类共存性与原有类型共同存在于新形成的城市特色结构体系之中。总的来看，稳定的城市特色结构体系中的城市审美特征呈现多样性。

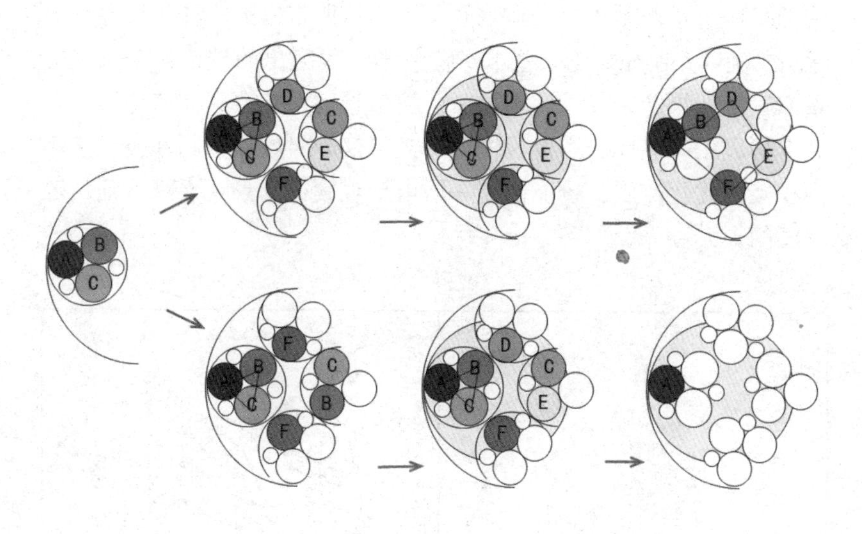

图 7-3 城市特色结构与重构示意

城市景观质点是城市空间特色的载体，而城市特色的类型也与城市景观类型近似吻合，该研究结论对城市景观质点禀赋具有同样的普适意义。

7.2.2 宏观结构优化原理二——簇群原理

非均质原理描述了城市景观系统要素的空间分布特点，该原理较为形象、准确地反映了城市景观系统要素在城市景观系统中的宏观分布，但是也容易带给读者一个疑问：非均质性是对一种缺乏规律的分布现象的描述，那么这种“非规律化”的结构体系是如何体现城市景观系统的优化特性的呢？这个疑问也从一个侧面告诉我们，非均质特性只是城市景观系统宏观结构优化的一个方面，除此以外还有其他原理的依托，这也就是下文要分析的簇群原理。

“簇群”本是经济学用语，用以描述大量的中小企业在产业上的集中和地理位置上的集聚为特征的地区经济，后被一些学者借鉴运用于城市群研究中。所谓城市景观系统内部的簇群优化现象，反映的是城市景观系统要素在空间上聚集后所带来的一些积极促进效果(图 7-4)。比如对于某些本身特色不是很突出的城市景观系统要素而言，如果能在其周边增加一些城市景观系统要素，使它们在空间上构成一个整体，产生规模效应，不仅能对城市空间环境优化起到积极的优化作用，也能使这一城市景观簇群的景观禀赋得到一定程度的提升。

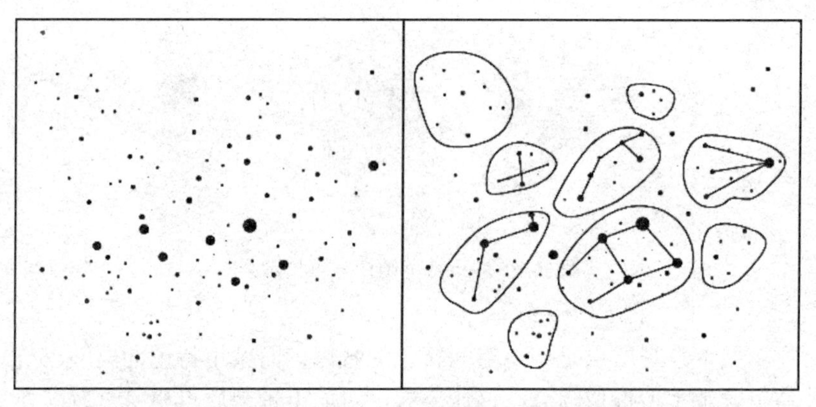

(a)城市景观质点的非均质分布示意图　　(b)城市景观簇群现象示意图

图 7-4

如前文所述，规模效应是城市景观系统整体涌现的重要前提之一，而城市景观系统的簇群分布则正是系统整体优化的表现形态。例如在《武汉市城市空间特色研究报告》中，将武汉市具有一定空间特色的资源进行分类、分级叠加后得到图 7-5-a，由此对空间特色资源在地域空间上的分布特征进行分析，发现在客观上许多特色空间有向某些特定区域聚集的现象，并提出“空间特色集合体”的概念，用以描述特色空间的这种聚集现象。基于对武汉城市空间特色要素的研究与分析，该研究报告进而提出武汉城市空间中的三个空间特色集合体：环两江四岸集合体、环东湖集合体和环汉阳六湖集合体(图 7-5-b)。

(a)特色空间要素的分布图

(b)特色空间要素在空间上的聚集示意图

图 7-5　城市空间特色“集合体”

(图片来源：《武汉市城市空间特色研究报告》)

上述图示在表示空间特色要素分布时，都是用城市功能片区代替具体城市景观系统要素，这是由于课题研究切题的需要(题目为“空间特色研究”而不是“景观特色研究”)。城市景观系统要素以及景观场所(即景观质点)都是城市特色空间要素的主体，换言之，在图 7-5-a 中，每个特色功能片区实际都已包含若干景观质点，特色功能片区在某种程度上可以看做是景观质点在一定地域范围内的聚集体，而特色功能片区在更大地域范围内的聚集规律也代表了城市景观质点的聚集规律，二者具有一致性。《武汉市城市空间特色研究报告》中的“空间特色集合体”及其分析结论也证明城市景观质点的簇群分布的优化表现形态。

7.2.3 宏观结构优化原理三——等级层次原理

等级理论是关于复杂系统结构、功能和动态的理论①，它是系统理论的重要理论基础之一。广义地讲，等级是指由若干单元组成的有序系统(Simon，1973)。Simon(1962)指出，复杂性常常具有等级形式，一个复杂的系统由相互关联的亚系统组成，亚系统又由各自的亚系统组成，依此类推，直到最低的层次。根据等级理论，复杂系统可以看做是由若干等级层次组成的等级系统。采用等级层次思维分析和看待复杂系统不仅能够更好地把握系统的特性，也是简化对复杂系统描述和研究的有效手段。

城市景观系统结构划分有多种方法：第一种划分方法将城市景观系统划分为由自然景观系统和人文景观系统两个一级子系统支撑的系统，进而继续划分二级子系统；第二种方法将城市景观系统划分为城市景观开放空间系统、城市绿地公园系统、城市景观水系统、城市景观设施及标志物系统四个子系统；第三种划分方法将城市景观系统划分为点状景观系统、线状景观系统、面状景观系统三个子系统。

比较可知，形成三种结构划分方法的原因主要是源于对城市景观特征的分析角度不同。第一种划分方法对一级子系统的划分的主要根据是构成城市景观的物质要素属性，第二种和第三种划分方法对一级子系统的划分的主要根据是城市景观系统要素的空间形态的表现形式。因此可以认为，对城市景观系统要素特征理解方式的不同可以产生不同的系统结构划分方法，进而决定了不同的层次数目。在这里，要素特征是要素的固有属性，对要素的理解也就是主体在划分系统结构时所采用的划分标准(或衡量单位)。由此看来，要素特征是决定层次划分的基础依据之一。

在系统要素禀赋特征不发生改变的前提下，划分标准的改变可以产生不同的系统层次。这就好比考试分数(S)分别为10分，20

---

① 邬建国．景观生态学——格局、过程、尺度与等级[M]．北京：高等教育出版社，2000：64.

分，30 分，……，依此类推直至 100 分的 10 个学生(同班)，如果按及格或者不及格标准进行划分，可以分成“5+5”两个层次；如果按照“优(S≥90)—良(80≤S<90)—中(70≤S<80)—合格(60≤S<70)—不合格(S<60)”的标准进行划分，又可以划分成五个层次。这也就是前文所说，城市景观系统结构层次的划分并没有一种绝对正确或唯一的方法，可因研究问题的背景和需要的不同而有所区别。

等级层次原理告诉我们，任何系统，不管是生物有机体的还是社会人文的，都可以根据需要划分成重要性高低不同的若干层次，这是等级系统在垂直结构上具备的重要特征。层次与层次之间呈现出一定的等级递进关系，系统层级越高，其所包括的系统要素的等级也越高，反之亦然。从历史的角度来看，大多数系统呈现出这种高低层级分化现象，这是系统不断优化后所形成的一种稳定结构状态。

等级层次系统达到稳定结构的另一个条件就是系统层级不出现断层，也就是系统各个层级之间具有较强的连续性。还是以上文中 10 个学生的例子来说明断层现象，如果 10 个学生的成绩分别为 100 分，75 分，75 分，70 分，65 分，65 分，60 分，60 分，55 分，50 分，划分标准同前文所述的“优—良—中—合格—不合格”，那么可以看出在“良”这个层级上的学生个数为 0，即在良好这个层级上出现断层现象。

除等级性、层级之间的连续性以外，城市景观系统要素在垂直结构上还表现出一种由低层级向高层级的“收敛”状态。也就是说，排除等级划分标准等可变因素的影响，随着城市景观系统层级的升高，层级所包容的城市景观系统要素的数量也呈减少趋势。如果在三维空间上将不同层级的城市景观系统要素进行划分，其会形成类似金字塔状的垂直结构(图 7-6-d)。

城市景观系统结构“收敛”的原因可以从客观和主观两个方面来进行分析：

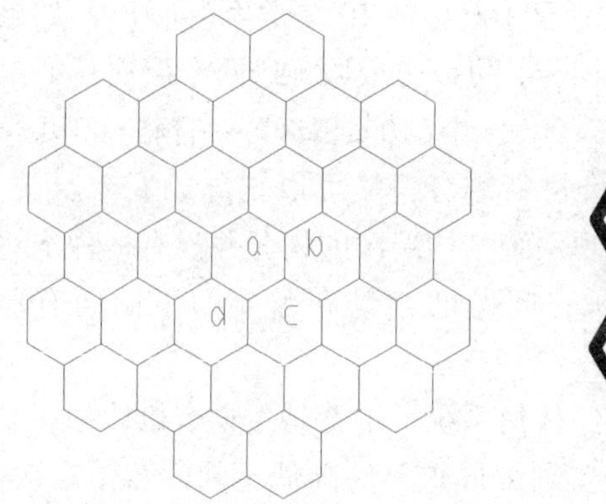

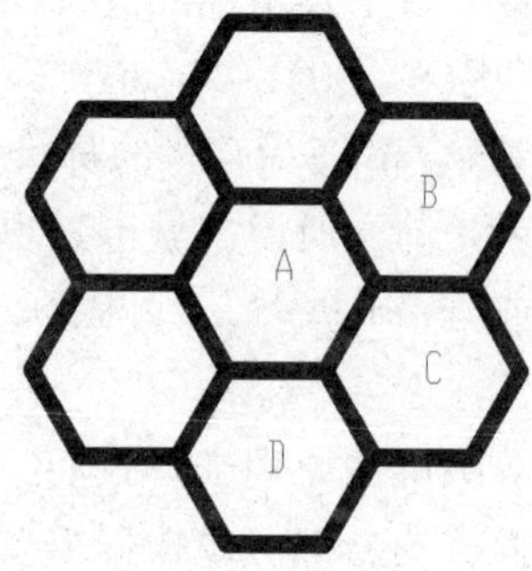

(a)较低层级的城市景观系统要素图　(b)较高层级的城市景观系统要素图

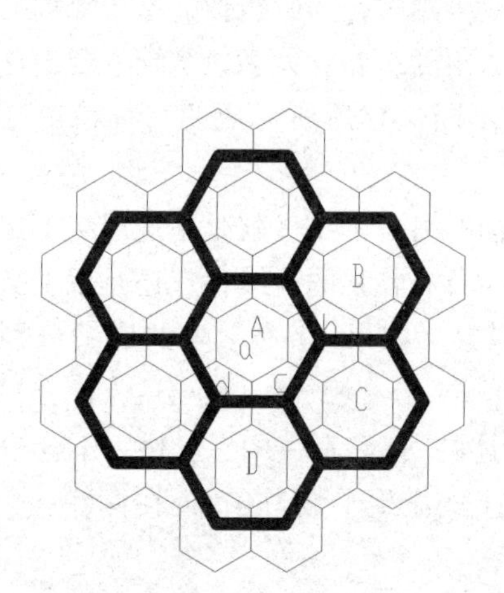

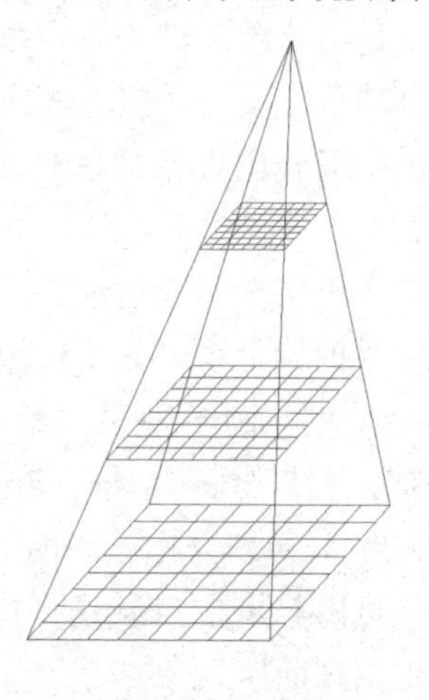

(c)不同层级的城市景观系统要素叠加图（二维平面）　(d)城市景观系统垂直结构图——金字塔状

图 7-6

从客观角度来分析：城市景观系统是由各种不同类型的城市景观系统要素组成的，但是城市景观系统要素的类型比较少，根据前文对城市景观系统要素禀赋的分析可知，同类型的城市景观系统要素之间存在同类相斥性，如果某一层级上的城市景观系统要素太多，会大大增加同类型城市景观系统要素共处的几率。这样，在同类相斥以及系统内部自组织规律作用下，该城市景观系统要素自然会发生重组，禀赋高的要素优化到上一层级，禀赋低的要素保持在既有层级甚至被淘汰至下一层级。如此调整，城市景观系统层级越高，其城市景观系统要素的类型虽然可能不变，但是每种类型的城市景观系统要素会呈减少趋势，进而城市景观系统要素的总数也会随之减少。

从主观角度来分析：城市景观系统结构中处于高层级的城市景观系统要素容易引起大众关注，并留下一定印象，这与人的心理认知模式和特点有关。心理学上的"注意"和"注意的广度"说明，在丰富多彩的世界中，人不可能在同一时刻感知到一切对象，只能感知其中的少数。① 在本课题组子课题成果之一《景观特色审美心理研究》中，贺慧通过分析与调查认为："大多数审美主体对于城市特色景观的认知容量是3+(-)2个。"②城市景观系统结构的"收敛"也是由审美主体的这种心理特性决定的。

综合以上两点分析可知：城市景观系统要素的等级特性是客观存在的，但是在具体描述时必须借助人的主观认知，人的认知模式对城市景观等级的划分有决定作用。本书将城市景观系统要素分为"直觉层级—领悟层级—超越层级"三个层次来理解，从主体的主观角度来看，这种划分源自审美心理层次的不同；从城市景观系统要素的角度来分析，这种划分源自要素本身禀赋特征的差异性。这里，差异性是划分的基础，审美心理层次是划分标准(或衡量单位)。

城市景观系统"直觉层级—领悟层级—超越层级"三个层次具有一定的等级递进关系，直觉层级等级最低，超越层级等级最高。这也就是前文提出"系统所有要素达到最优并不是系统达到最优状态的充分必要条件"的原因，也是本书提出分层级优化的实际意义所在。

综上所述，本书将城市景观系统的这种等级层次结构特性归纳

① 林玉莲，胡正凡．环境心理学[M]．北京：中国建筑工业出版社，2000.

② 贺慧．景观特色审美心理研究[D]．武汉：华中科学大学，2009.

为“等级层次原理”，并将其视为城市景观系统的一种优化的、稳定的结构体系，但是在实际应用中也有以下需要注意的问题：

并非所有城市景观体系都必须具备超越层级这一城市景观系统层级。因为超越层级的城市景观系统要素的禀赋比较特殊，对于很多中小城市而言，可能它们最优秀的城市景观达不到国内国际知名的层次，那么是否就说这个城市的城市景观体系不是一个优化的状态呢？显然不是。“直觉层级—领悟层级—超越层级”只是本研究中对一个优化的城市景观系统结构的命名，其所代表的深层含义为一个由不同层级要素组成的由低级到高级呈收敛状的结构体系，而这种命名取决于“划分标准”，只要每个城市景观系统要素禀赋都被充分展现出来，且城市景观系统的这种等级状收敛的结构体系存在，就可以认为这个城市景观系统是优化的。

7.3 小　　结

城市景观系统结构有着丰富的层次和内涵。结合本书第三章中对城市景观系统结构在微观、中观、宏观层面不同含义的界定，汲取系统科学相关基础理论，借鉴中外大量优秀的城市景观集群案例，本章重点对城市景观系统结构在中观以及宏观层面的优化规律进行了归纳提炼和图示。

通过分析本书认为，城市景观系统结构在中观层面的优化原理包括：轴线原理、主从原理、肌理原理。其中轴线原理描述的是城市景观系统要素在地域空间上呈现出线状优化关系，主从原理反映了城市景观系统要素禀赋的主次、轻重关系，这两个优化原理体现了系统科学有序性原理在城市景观系统优化中的运用；而肌理原理则对应于系统科学中的自组织和自适应原理。

宏观层面，本书将城市景观系统结构优化原理归纳为非均质原理、簇群原理、等级层次原理，这三个原理依次体现了系统要素的异质性、系统的规模效应以及等级层次性在城市景观系统结构优化中的渗透和运用。

8 总结与展望

8.1 总 结

城市景观是城市风貌的载体，城市景观优化是培育城市风貌、改善城市空间环境质量的重要手段。我国正处于城市化快速发展期，城市建设如火如荼。在城市扩张和更新的过程中，城市空间环境问题越来越被人们重视。城市景观作为城市空间环境的重要组成部分，其优化对塑造城市形象风貌、提升城市空间环境品质具有举足轻重的意义和作用。

同时，城市景观也是城市系统的子系统之一，是一个复杂的人文系统，它与城市区位、经济、历史、文化等因素有不可分割的密切联系。本书将研究对象界定为城市景观系统，并积极借鉴系统科学相关基础理论，从系统科学的角度对城市景观系统优化相关原理进行深入研究。全书主要研究工作如下：

①城市景观系统分析与描述。本书从景观的概念与分类出发，对城市景观的内涵进行梳理，将城市景观定义为：城市地域范围内的人文景观和自然景观。结合该定义以及系统科学理论，将城市景观系统定义为：城市地域范围内由人文景观要素和自然景观要素共同组成的，具有一定层次、结构和功能的，处于一定城市环境中的复杂系统。在此基础上，运用系统科学理论，从系统要素、系统结构、系统环境三个方面对城市景观系统的系统属性进行深入的剖析，刻画了系统科学视角下城市景观系统的系统属性。在以上分析的基础上，结合系统科学优化基本原理，将城市景观系统要素划分为“实体型城市景观系统要素”和“空间型城市景观系统要素”两类，

将城市景观系统结构的含义分解为微观、中观、宏观三个层面进行理解。

②城市景观系统要素的优化原理论述。从城市景观系统要素优化的客观属性——要素禀赋的角度分析，将城市景观系统要素禀赋分为形式、功能、社会人文三个方面；从优化主体——人的角度分析，以人的审美心理层次为依据，将城市景观系统要素分为直觉层级、领悟层级、超越层级三个优化层级，并以此作为要素优化的目标。通过分析发现，各层级城市景观系统要素的禀赋都达到最优并不是要素整体最优的充分必要条件。结合系统科学整体涌现基本原理，提出直觉层面城市景观系统要素优化的“功能-形式禀赋涌现原理”，领悟层面城市景观系统要素优化的“形式禀赋涌现原理”以及超越层面城市景观系统要素优化的“社会人文禀赋涌现原理”。

③城市景观系统结构的优化原理论述。内容包括中观结构和宏观结构两个层面。研究提出：城市景观系统结构在中观层面的优化原理包括：轴线原理、主从原理、肌理原理。其中轴线原理描述的是城市景观系统要素在地域空间上呈现出线状优化关系，主从原理反映了城市景观系统要素禀赋的主次、轻重关系，这两个优化原理体现了系统科学有序性原理在城市景观系统优化中的运用。肌理原理则对应于系统科学中的自组织和自适应原理。宏观层面，本书根据系统科学基础理论中系统要素的异质性、系统的规模效应以及等级层次性，提出非均质原理、簇群原理、等级层次原理。

8.2 研究展望

在城市特色消失、城市景观建设“形象工程”现象频频出现的今天，仅仅从微观层面谈城市景观优化已经不符合城市系统及城市景观系统趋于巨型化、复杂化、整体化的发展趋势，因此从系统科学角度探讨城市景观系统优化的相关问题是符合城市景观系统发展趋势的必然选择。从系统科学角度对城市景观系统优化基本原理的研究不仅能为城市景观本身的优化提供新思路，也可以作为既有研究在宏观整体层面的有益补充，具有重要的理论价值。在本书研究基础上，未来的工作可以在如下两个方面加以扩展和完善：

①本书主要基于系统科学基本原理对城市景观系统优化的相关原理进行总结，其中将城市景观系统优化原理归纳为要素、中观结构、宏观结构三个层面，一共提炼出9个原理。由于研究视角的选取侧重于系统科学基本原理，本书所提炼的9个原理是否能够全面涵盖城市景观系统优化原理的全部内容，对此还可以进一步深入探讨。

②在系统科学里，系统环境也是系统的重要影响因素，它是比系统更加宏观的所有影响因素的集合。本书将城市景观系统的内涵界定为一个城市的所有城市景观所组成的体系，那么城市景观系统环境则是一定地域范围内除研究对象城市以外的其他城市景观体系的集合。由于该问题更加宏观抽象，加之获取资料以及能力有限，可结合后续研究进一步完善。

参考文献

[1]俞孔坚，李迪华．城市景观之路——与市长们交流[M]．北京：中国建筑工业出版社，2003.

[2][美]Groat L.，Wang D.．建筑学研究方法[M]．王晓梅，译．北京：机械工业出版社，2004.

[3]周一星，陈彦光．城市与城市地理[M]．北京：人民教育出版社，2003.

[4]周成虎，孙战利，谢一春．地理元胞自动机研究[M]．北京：科学出版社，1999.

[5]Wilson A. G.．地理学与环境——系统分析方法[M]．蔡云龙，译．北京：商务印书馆，1997.

[6]颜泽贤，等．系统科学导论——复杂性探索[M]．北京：人民出版社，2006.

[7]邬建国．景观生态学：格局、过程、尺度与等级[M]．北京：高等教育出版社，2000.

[8]陈宇．城市景观的视觉评价[M]．南京：东南大学出版社，2006.

[9]程建权．城市系统工程[M]．武汉：武汉测绘科技大学出版社，1999.

[10]寇晓东．基于WSR方法论的城市发展研究：城市系统工程新探[M]．西安：西北工业大学出版社，2009.

[11]余柏椿．非常城市设计——思想·系统·细节[M]．北京：中国建筑工业出版社，2008.

[12]吴晓军，薛惠锋．城市系统研究中的复杂性理论与应用[M]．西安：西北工业大学出版社，2007.

[13]金俊．理想景观：城市景观空间系统建构与整合设计[M]．南京：东南大学出版社，2003.
[14]贝塔朗菲. 一般系统论：基础、发展和应用[M]．林康义，魏宏森，译. 北京：清华大学出版社，1987.
[15]贝塔朗菲．一般系统论——基础、发展和应用[M]．秋同，袁嘉新，译. 北京：社会科学文献出版社，1987.
[16]苗东升．系统科学大学讲稿[M]. 北京：中国人民大学出版社，2007.
[17]苗东升．系统科学精要[M]．北京：中国人民大学出版社，1998.
[18]吴家骅. 景观形态学[M]．叶南，译. 北京：中国建筑工业出版社，1999.
[19]罗筠筠．审美应用学[M]. 北京：社会科学文献出版社，1995.
[20]徐思淑，等．城市建设导论[M]．北京：中国建筑工业出版社，1991.
[21]金学智. 美学基础[M]．苏州：苏州大学出版社，1994.
[22]辞海[M]．上海：上海辞书出版社，2000.
[23]菲利普·潘什梅尔．法国——环境、农村、工业与城市[M]．漆竹生，译. 上海：上海译文出版社，1980.
[24]吴彤．多维融贯：系统分析与哲学思维方法[M]．昆明：云南人民出版社，2005.
[25]张德兴．二十世纪西方美学经典文本(第一卷)：世纪初的新声[M]．上海：复旦大学出版社，2000.
[26]叶晓军，温一慧．控制与系统——城市系统控制新论[M]．南京：东南大学出版社，2000.
[27]黄亚平．城市空间理论与空间分析[M]．南京：东南大学出版社，2002.
[28][美]伊利尔·沙里宁．城市——它的发展、衰败与未来[M]．顾启源，译. 北京：中国建筑工业出版社，1986.
[29]张永强．空间研究 2：城市空间发展自组织与城市规划[M]．南京：东南大学出版社，2006.

[30]杨恩寰．审美心理学[M]．北京：人民出版社，1991.
[31]奥斯特洛夫斯基．现代城市建设[M]．北京：中国建筑工业出版社，1986.
[32]加·约翰·彭特．美国城市设计指南——西海岸五城市的设计政策与指导[M]．北京：中国建筑工业出版社，2006.
[33]张京祥．城镇群体空间组合[M]．南京：东南大学出版社，2000.
[34]江曼琦．城市空间结构优化的经济分析[M]．北京：人民出版社，2001.
[35]林玉莲，胡正凡．环境心理学[M]．北京：中国建筑工业出版社，2000.
[36]R·克里尔．城市空间[M]．钟山，秦家镰，姚远，译．上海：同济大学出版社，1991.
[37]王建国．现代城市设计理论和方法[M]．南京：东南大学出版社，2001.
[38]考夫卡．格式塔心理学原理(上、下)[M]．黎炜，译．杭州：浙江教育出版社，1997.
[39]彭聃龄，张必隐．认知心理学[M]．杭州：浙江教育出版社，2004.
[40]章明著．视觉认知心理学[M]．上海：华东师范大学出版社，1990.
[41]鲁道夫·阿恩海姆．视觉思维——审美直觉心理学[M]．滕守尧，译．成都：四川人民出版社，1998.
[42]王旭晓．美学原理[M]．上海：上海人民出版社，2000.
[43]曾繁仁．西方美学论纲[M]．济南：山东人民出版社，1992.
[44]徐之梦，秦逸，吴仁慈．美与审美[M]．北京：机械工业出版社，1993.
[45]罗杰斯．景观设计——文化与建筑的历史[M]．曹娟，译．北京：中国林业出版社，2005.
[46]辛华泉．形态构成学[M]．北京：中国美术学院出版社，1996.
[47]彭一刚．建筑空间组合论(第二版)[M]．北京：中国建筑工业

出版社，1998.
[48]黑格尔. 美学(第二卷)[M]. 朱光潜，译. 北京：商务印书馆，1996.
[49]E. H. 贡布里希. 艺术与错觉——图画再现的心理学研究[M]. 林夕，等译. 长沙：湖南科学技术出版社，1999.